RF DESIGN SERIES

パソコンでスッキリ！
電波とアンテナとマッチング

よく飛びよく受かるスイートスポットを見つけられるようになる

大井克己 [著]
Katsumi Ooi

CQ出版社

はじめに

　パソコンが一般的になったおかげで，パソコンで手軽にシミュレータを動かして体験できる時代になりました．

　本書は「Windowsパソコンが手元にあり，取り扱うことができる」ことを前提としています．文書だけではなかなか説明しづらいところは，実際にシミュレータを使って，皆さんの目でチャートの変化の仕方を体験してください．スミス・チャート関連のシミュレーションの操作手順について細かく説明しているので，解説に従ってパソコンを操作するだけで，難しい計算はしなくても良いような構成にしました．

　パソコンに，付属CD-ROMをセットして，自分の手でマウスを動かして，パソコン画面上の**変化を目で見ること**により，いつの間にかインピーダンスとアドミタンスに対する理解が進むと思います．

　きっと，本書を読んでいくうちに「なぁんだ，そんなことだったのか！」と気が付かれると思います．

　なお，本書では，同じ説明が何度も出てきます．繰り返して学習することが重要だと考えているためです．

　本書を執筆するにあたり，加納 政利氏（JA2LUT），加川 伊久雄氏（JA3WAO），そして藤井 修逸氏（JA4DUX）より各種資料等の提供をいただきました．また，Fritz Dellsperger氏（HB9AJY）より Smith V3.10を，Nathan Iyer氏（KJ6FOJ）より Quick Smith V4.5を本書付属CD-ROMへの収録許可をいただきました．

　そして，Bob Clunn氏（W5BIG）より AIM-4170のDemo Modeソフトの収録許可をいただきました．誠にありがとうございました．

　今回も執筆の機会を与えていただいたCQ出版社の今 一義氏（JA1WIO）に心よりお礼申し上げます．

　読者の皆様にとって，本書をきっかけに，インピーダンスとアドミタンスに対する学習に少しでもお役に立てば幸いです．

2015年7月　筆者

目次

第1章 アンテナ調整とインピーダンス整合 ── 009

1-1 アンテナ調整 ── 009
- 1-1-1 アンテナ調整の俗説(その1) 009
- 1-1-2 アンテナ調整の俗説(その2) 012
- 1-1-3 アンテナ調整の俗説(その3) 015

1-2 インピーダンス整合 ── 018
- 1-2-1 インピーダンス整合とは,どのような状態だと思いますか? 018
- 1-2-2 インピーダンス(Z)とインピーダンス($|Z|$)を区別して考える 019

1-3 固定概念を打ち破るための例題をもうひとつ! ── 021

第2章 インピーダンスとスミス・チャート ── 023

2-1 そもそもインピーダンスとは何か? ── 023
- 2-1-1 リアクタンス 023
- 2-1-2 インピーダンス 027

2-2 なぜスミス・チャートが必要なのか? ── 029
- 2-2-1 インピーダンスは平面で考えるとわかりやすい 029
- 2-2-2 スミス・チャートの必要性 036

2-3 特性インピーダンスとインピーダンスの正規化 ── 041
- 2-3-1 伝送線路の特性インピーダンス(Z_o) 041
- 2-3-2 スミス・チャートの目盛りは正規化値 043

第3章 インピーダンスとアドミタンス ── 045

3-1 並列回路はアドミタンスで考える ── 045

3-2 インピーダンスとアドミタンスを同時に扱う(イミタンス・チャート) ── 047

3-3 インピーダンス($Z=R+jX$)と,アドミタンス($Y=G-jB$)の相互変換 ── 048

第4章 直列回路⇔並列回路変換，直列共振回路と並列共振回路 ———— 051

4-1 直列回路⇔並列回路の相互変換 ———— 051
- 4-1-1 インピーダンスの考え方とアドミタンスの考え方　051
- 4-1-2 直列回路⇔並列回路の相互変換
  （インピーダンス⇔アドミタンスの相互変換）　051
- 4-1-3 コンデンサとコイルの直列回路と並列回路　057

4-2 共振周波数とその少し低い・高い周波数の3点を同時に考える ———— 059
- 4-2-1 集中分布定数回路の場合（LC の共振回路）　059
- 4-2-2 分布定数回路の場合（伝送線路の共振回路）　060

4-3 直列共振回路と並列共振回路の特徴 ———— 064

第5章 スミス・チャート上の動きを体験する ———— 067

5-1 スミス・チャート上において，L, C, R の値を可変した場合 ———— 067
5-2 スミス・チャート上において，周波数を可変した場合 ———— 071
5-3 アドミタンス・チャートにおいて，L, C, R の値を可変した場合 ———— 073
5-4 アドミタンス・チャートにおいて，周波数を可変した場合 ———— 077

第6章 スミス・チャートを使ったアンテナのインピーダンス整合 ———— 081

6-1 エレメント長は変えないでインピーダンス整合する ———— 081
- 6-1-1 スタブで整合させる方法（UHF以上の周波数帯でも同様）　081
- 6-1-2 途中に挿入した75Ω同軸ケーブルで整合させる方法　086
- 6-1-3 オフ・センタ給電（定インピーダンス法）　093
- 6-1-4 給電部カップラ（LC の整合素子2個以上）で整合させる方法　095
- 6-1-5 まったく共振していないアンテナの場合　099

6-2 エレメント長を可変し，整合素子1個でインピーダンス整合する ———— 099
- 6-2-1 モノポール・アンテナの場合　100
- 6-2-2 高短縮率モノポール・アンテナの場合　101
- 6-2-3 ダイポール・アンテナの場合　105

6-2-4　八木アンテナの場合　107

第7章　市販の測定器で何が測れるのか ── 111

7-1　インピーダンスの測定 ── 111
　7-1-1　インピーダンスの静特性を測定する方法　111
　7-1-2　インピーダンスの動特性を測定する方法　112
7-2　測定用同軸ケーブルの準備 ── 113
7-3　SWR計でアンテナの共振周波数を探すことは，理論上不可能 ── 114
7-4　メーカ製の測定器を使いこなす ── 116
7-5　$|Z|$とSWRから$Z=R±jX$を推定する ── 121
　7-5-1　$|Z|$とSWRからRとXを求める（図7-4）　121
　7-5-2　リアクタンス（X）の$±j$符号を判別する　123
7-6　インピーダンス測定器用の擬似負荷 ── 126

第8章　ベクトル・インピーダンス測定器 ── 129

8-1　3メータ方式のアンテナ・モニタ ── 129
8-2　クロスド・メータ方式のアナログ・インピーダンス・アナライザ ── 131
8-3　ベクトル・インピーダンス測定器の紹介 ── 133
　8-3-1　ベクトル・インピーダンス計（キット）　133
　8-3-2　ベクトル・インピーダンス計（製品タイプ）　134
　8-3-3　簡易型ベクトル・ネットワーク・アナライザ　136
　8-3-4　電力通過形のインピーダンス計　137

第9章　収録ソフトの使いかた ── 141

　収録しているシミュレーション・ソフトの使い方 ── 141
　「Excelの関数計算マクロ」の使い方 ── 153

参考文献　156
著者略歴　157
索引　158

■付属CD-ROMについて

　本書付属CD-ROMには，以下の3本のソフトとサンプル・データ，マクロを収録しています．

(1) AIM-4170 用ソフト（AIM_865A.zip）
　AIM-4170本体がなくとも「Demo Mode」として，シミュレータ・ソフトとして動作を体験できます．スミス・チャート関連のRFシミュレーション・ソフトとしても優秀です．ぜひ体験してみてください．

(2) Quick Smith（QSSetup_501.zip）
　マウスで回路素子の値を自由に変化させることができます．そして，スミス・チャートでその変化の動きを見ることができます．

(3) Smith V3.10（Setup Smith V3.10.zip）
　スミス・チャート画面を見ながらマウスを動かすだけで，回路素子の値を決定できます．インピーダンスの整合回路と，その素子の値を決めるのにたいへん有効です．

　Quick Smith（qsmith.zip）とSmith V3.10（Setup Smith V3.10.zip）を組み合わせて使うととても便利です．

　Smith V3.10で整合回路とその素子の値を決めて，Quick Smithでシミュレーションするという使い方をお勧めします．

　ほかに，筆者が作った関数計算用Excelのマクロを3本収録してあります．

(4) 反射係数⇔インピーダンスの計算.lk.xls
(5) Z⇔Y変換計算.lk.xls
(6) 直列⇔並列,LC⇔X変換計算他.lk.xls
(7) AIM用のScan files サンプルデーター.zip

　それぞれの詳しい使い方は，本書の第9章をご覧ください．

パソコンでスッキリ！電波とアンテナとマッチング

第1章

アンテナ調整とインピーダンス整合
～アンテナの調整を例として，インピーダンス整合を考える～

❖

アンテナの性能を引き出すためには，どうするのが良いのでしょうか？
　経験上，よく使われている手法として，反射波をできるだけ少ない状態に調整する，すなわちSWR値で調整してOKとしてしまうことが多いと思いますが，すんなりとアンテナの調整ができずに困った経験があるのではないかと思います．
　なぜSWR計では，すみやかにアンテナの調整ができなかったのかを考え，何をどのようにすれば良いのかということを通して，アンテナのインピーダンス整合をもう少し深く考えてみましょう．

❖

1-1　アンテナ調整

1-1-1　アンテナ調整の俗説（その1）

次のような場合，皆さんは，アンテナをどのようにして調整するでしょうか？

> **Question**：半波長ダイポール・アンテナを調整するとき，何をどのように処理しますか？
> **Answer**：「エレメントの両端を同じ長さだけ切り，SWRを下げます」と，ほとんどの方が答えると思います（図1-1）．

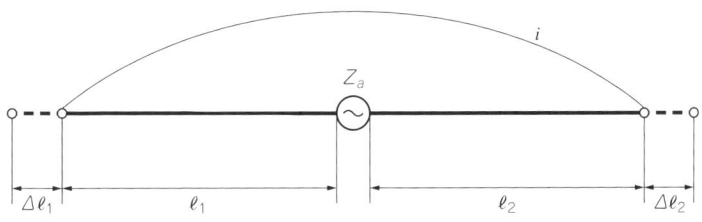

[図1-1]
半波長ダイポール・
アンテナの一般的な
調整方法

- $\ell_1 = \ell_2$　　エレメント長
- $\Delta\ell_1 = \Delta\ell_2$　　カット＆トライ　同じ長さ

1-1　アンテナ調整　　009

この回答は，半波長ダイポール・アンテナを調整する方法の中の一つの方法です．
　例えば，HF帯ローバンド1.9MHz，3.5MHz帯のダイポール・アンテナで，エレメントの地上高が約0.17λ以下のときは，給電点の放射抵抗が$Z_a = 50Ω$より低くなります．
　別の方法として，このように放射抵抗が低くなる場合，共振した**エレメントの左と右の長さの比率を変える**ことにより，半波長エレメント上の$Z_a = 50Ω$になる位置を探す方法があります(p.94 図6-9)．

〔**説明1**〕上記の調整方法について説明します．
　第6章6-1-3でも説明しますが，オフ・センタ給電方式(定インピーダンス法)という調整方法の考え方を説明します．また，第7章では半波長ダイポール・アンテナの調整方法について，各種の方法を紹介しますので参考にしてください．
　教科書に出てくるような，理想的なダイポール・アンテナを張ることができるのは，HF帯ハイバンド以上の周波数帯です．この場合，ダイポール・アンテナの地上高は，十分な高さが確保できます．ダイポール・アンテナは，代表的な平衡型アンテナですから，両方のエレメントを同じ長さだけ切って調整するのは，正しい方法です．
　ダイポール・アンテナを入念に調整する必要がある周波数帯は，HF帯ローバンドの1.9MHz，3.5MHz帯，そして7MHz帯です．3.5MHz帯で地上高が14～16m以下，また，7MHz帯で7～8m以下の場合は，放射抵抗が50Ω以下になります．
　ところで，質問は「半波長ダイポール・アンテナ」としましたが，**半波長アンテナ**の場合，
①**ダイポール・アンテナ**は，半波長エレメントの**中央部から給電**します(図1-2)．
②**ウインドム・アンテナ**は，半波長エレメントの**片端から約1/3の点から給電**します．
③**ツェッペリン・アンテナ**は，半波長エレメントの**片端から給電**します．
　これら①～③を見て気づく方もいらっしゃると思います．そうなのです，実はどの位置から給電しても半波長アンテナとして正常に動作させることができます．
　インピーダンス整合を完全に取るために，中央部(センタ)から片側へずれた位置で($Z_a = 50Ω$の位置を探して)給電しても，かまわないのです．
　オフ・センタで給電したための実効的なデメリットはありません．指向性の片寄りが気になる方がいるかもしれません．自由空間であれば理論上は，ごくわずかな片寄りがある程度です．実際には，それよりも両エレメントの「設置環境の差」に

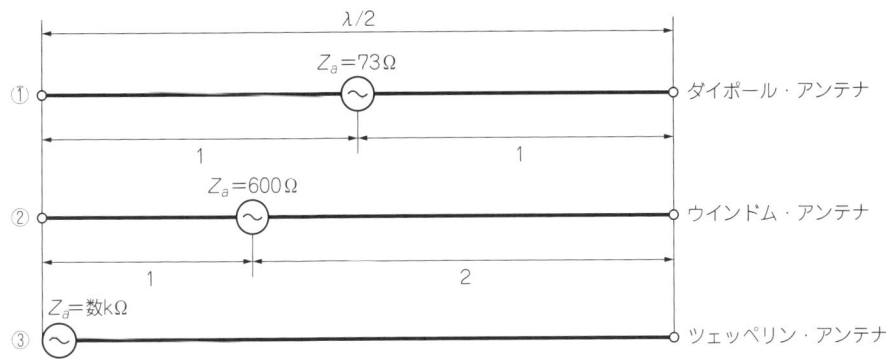

[図1-2] 半波長アンテナの給電位置は，どこからでも良い

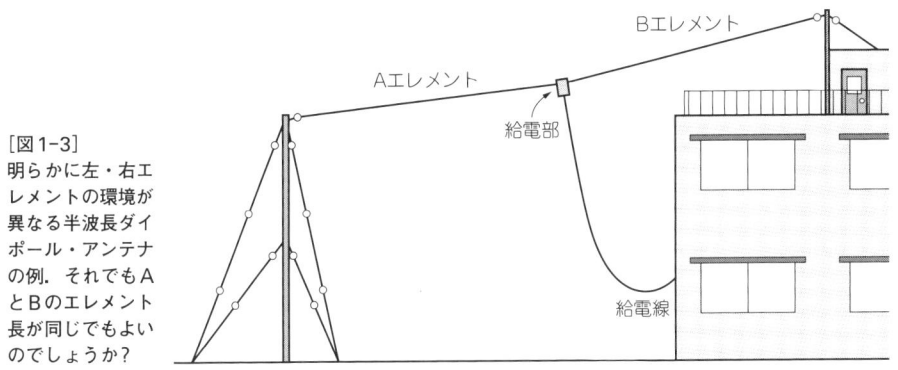

[図1-3]
明らかに左・右エレメントの環境が異なる半波長ダイポール・アンテナの例．それでもAとBのエレメント長が同じでもよいのでしょうか？

よる影響のほうが大きいのです．

次の〔説明2〕で説明しますが，短波の電波は，電離層で反射の際に偏波も指向性も大きく乱れるので，あまり気にしなくて良いのです．

〔**説明2**〕説明1に関連して，ダイポール・アンテナの指向性と電波伝播について説明します．

無線の教科書に出てくるダイポール・アンテナの水平面指向性は，みなさんご存知のとおり，8の字型です．これは，アンテナの高さが $\lambda/2$ 以上で，アンテナの周辺に建物等の障害物がない（自由空間の）状態での説明です（**図1-3**）．

また，上記にも記述しましたが，我々がダイポール・アンテナを張る周波数帯は，

1-1 アンテナ調整 | **011**

おもに短波帯のローバンドです．

　CQ ham radio誌1983年9月号「3.5/7MHz国内QSO用アンテナの実験」で書いたように，この周波数帯で電波伝播を考えると，ごく一部の直接波以外は，ほとんどが電離層伝播による通信になります．この場合，数百km以内の伝播は，電離層と地上で反射するときに，偏波面が乱れるので，見かけ上，水平面の指向性は崩れ，ほとんど楕円形に近い形になります．したがって，エレメントを張る方向は，指向性にほとんど関係なくなります．

　例えば周りに建物がある場所で，短波帯ダイポール・アンテナを張る場合は，本来得られるはずの8の字型指向性は乱れてしまうので，国内QSO用アンテナとする場合は，アンテナの向きにこだわっても，思うような効果は得にくいということになります．つまり，どちらの方向でも，国内QSO用なら，さほど差が出ません．

　しかし，直接波が届く至近距離と，通信距離が千km以上の場合は，ダイポール・アンテナの8の字指向性が出てきます．短縮型ロータリー・ダイポールの場合は，8の字の指向性を実感できます．

　また，エレメントの地上高は，「同上の実験」で説明したように，**7MHzの国内QSO用アンテナ**の場合では，わざわざ無理してエレメントの高さを20～25m高にしなくても，10～15m高に張ったほうが良く飛びます．

1-1-2　アンテナ調整の俗説（その2）

　アンテナ・エレメントは，必ず共振していなければならないと思い込んでいませんか？

> **Question**：アンテナ調整するとき，なぜエレメントの長さを調整するのでしょうか？
> **Answer**：「エレメントを使用周波数に共振させるため」と，ほとんどの方が答えると思われます．

　通常は，この回答のように，アンテナ・エレメントは共振している方が良いのですが，絶対に共振していなければならないか？　というと，実は，**アンテナのエレメント自体は，必ずしも共振していなくてもかまわないのです**．

〔説明1〕上記の理由を説明します．

　アンテナ・エレメントの長さは，接地（モノポール）型アンテナの場合，$\lambda/4 \times N$

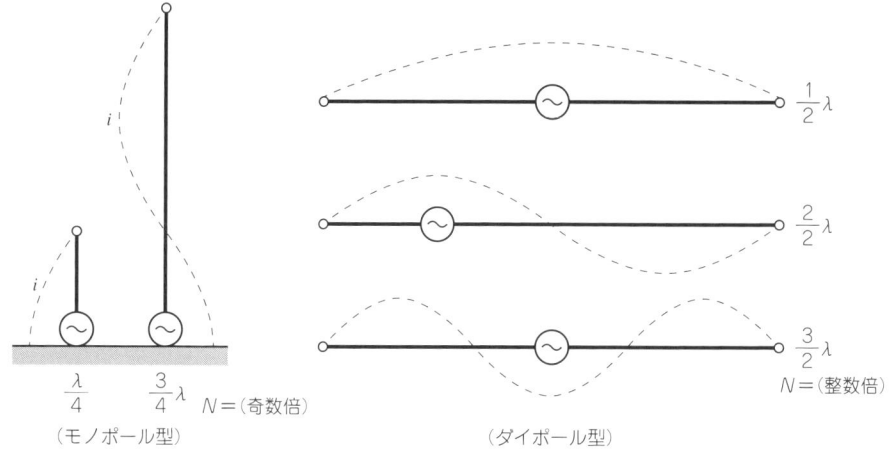

[図1-4] モノポール型アンテナは，奇数倍の波長に共振する．ダイポール型アンテナは，整数倍の波長に共振する

(奇数倍)の長さ，非接地(ダイポール)型アンテナの場合は，λ/2×N(整数倍)の長さのとき，エレメントが共振してアンテナとして有効に動作します(図1-4)．

この場合，給電部のインピーダンスは，エレメントが共振しているので，リアクタンス成分はありません．給電点インピーダンス(Z_a) = 放射抵抗(R_a)だけです．

しかし，この抵抗成分(R_a)が，給電線(同軸ケーブル)の特性インピーダンス(Z_o)と同じ，または，それに近ければ問題ありませんが，そうでない場合は，何らかのインピーダンス整合回路(方法)が必要です(第7章で各種の方法を紹介)．

整合回路が必要ということは，エレメントと何らかの整合部を一体としてアンテナ系として考えれば，エレメント自体は必ずしも共振している必要はありません．

エレメントの長さが，λ/2×Nでなくても，整合回路によってインピーダンス整合すれば，エレメント端の高周波電圧は最大になり，高周波電流は最少になるので，エレメントは共振状態として動作させることができます(図1-5)．

エレメントに対して直角方向の利得で言えば，片方のエレメント長が5/8λまでは，少しでも長いほうが有利です(図1-6，図1-7)．

八木アンテナの場合も，放射器だけは上記と同様に考えることができます．しかし，反射器は，λ/2共振波長より少し長くしてエレメントを誘導性にします．また，導波器はλ/2共振波長より少し短くしてエレメントを容量性にすることによって，八木アンテナとして正常に動作することになります．

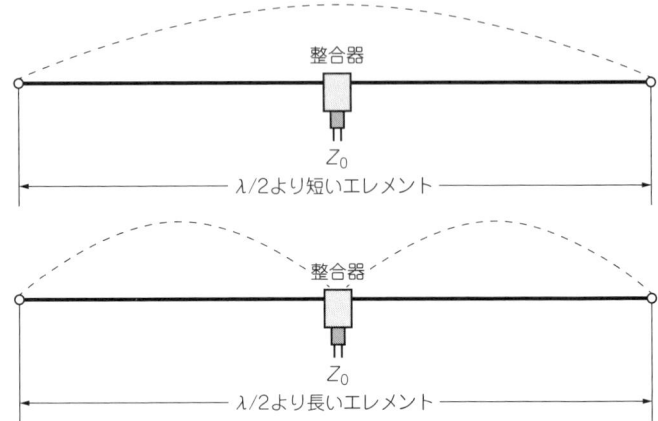

[図1-5]
半波長ダイポール・アンテナのエレメント長が、半波長より短くても長くても、整合さえ取れば正常に動作する

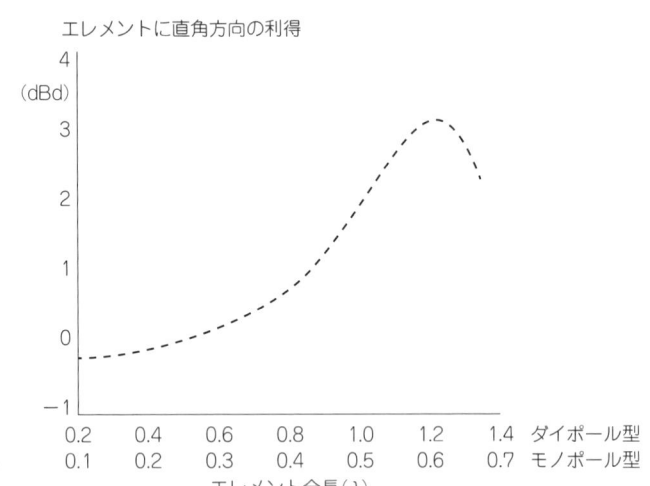

[図1-6]
エレメント長とエレメントに直角方向の利得の関係

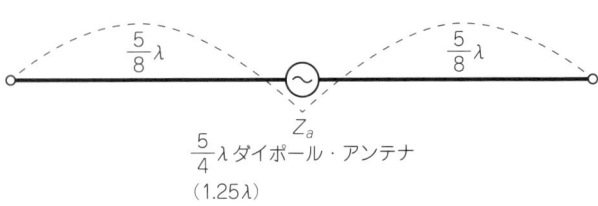

[図1-7]
モノポール・アンテナは5/8λのときに、ダイポール型は全長が5/8λ×2のときに、エレメントに直角方向の利得が最大になる

〔**説明2**〕上記に関連して重要な内容です．

ところで，アンテナ・エレメントの長さを調整するということは，アンテナ・インピーダンスの，どの項目を調整しているのでしょうか？

アンテナ・インピーダンスは，

$$(Z_a) = R \pm jX$$

と表記しますが，エレメントの長さを調整することより，基本的には，リアクタンス（$\pm jX$）成分を変化させています．しかし，同時に抵抗（R）成分も多少変化するので，ワンポイントの周波数で共振しても，あまり大きな意味を持ちません．「第2章の2-2-2 スミス・チャートの必要性」で説明しますが，使用したい周波数付近で一定の幅を持った範囲内で，「**連続的なインピーダンスの特性**」として考えると，理解が深まると思います．

1-1-3　アンテナ調整の俗説（その3）

SWR計では，アンテナの共振周波数はわかりません！

> **Question**：アンテナを調整するとき，あなたは何の測定器を使いますか？
> **Answer**：ほとんどの方が「SWR計」と答えると思われます．

SWR計は，安価でアンテナの整合状態を知ることができる測定器ですから，この回答は当然な答えです．無線機購入後，まず最初に準備するのが，SWR計という人が多いでしょう．

ときどき，「SWR計でアンテナの共振周波数を探す」と表現をする人がいるようですが，実は，**SWR計でアンテナの共振周波数を判断することはできません**．

〔**説明**〕上記の理由を説明します．

第7章で詳しく説明しますが，SWR計は，**進行波と反射波の大きさの比率を測っているだけ**なので，反射波が少なくなった周波数が，必ずしも共振周波数とは限りません．

SWR計で共振周波数がわかるのは，同軸ケーブルの長さが $\lambda/2 \times N$ のときで，スミス・チャート上でアンテナのインピーダンス特性が，Z_o 付近で抵抗円に沿って変化している場合に限られます．

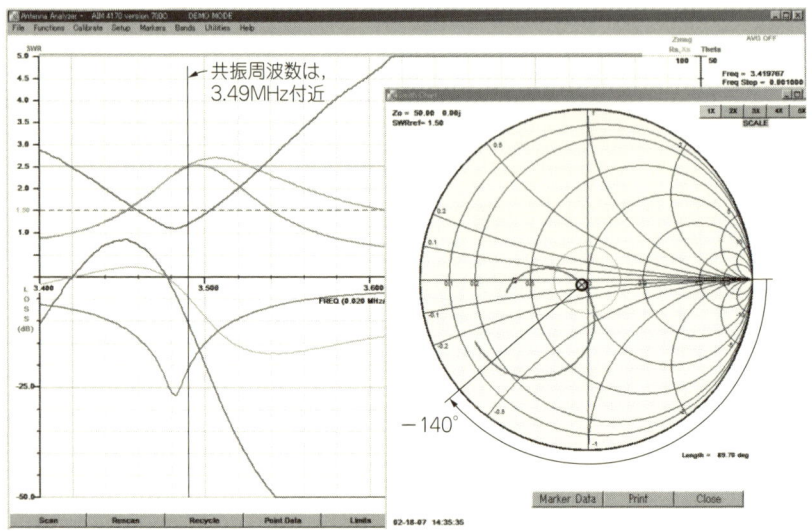

[図1-8] λ/2×Nの長さ以外の同軸ケーブルで測定したときのインピーダンス特性．この場合，スミス・チャート図が約-140°回転している

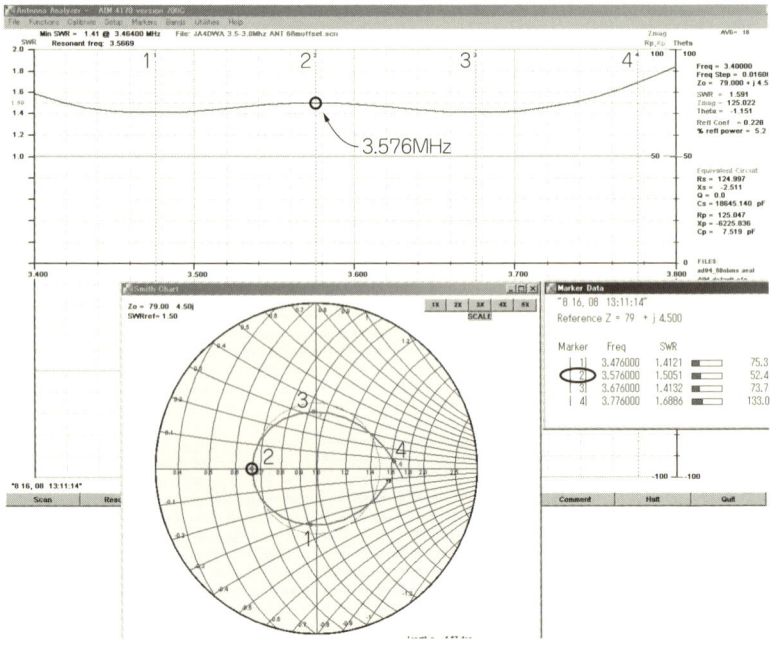

[図1-9] このダブル・バズーカ・アンテナ(A)の共振周波数は，マーカ2の3.576MHz

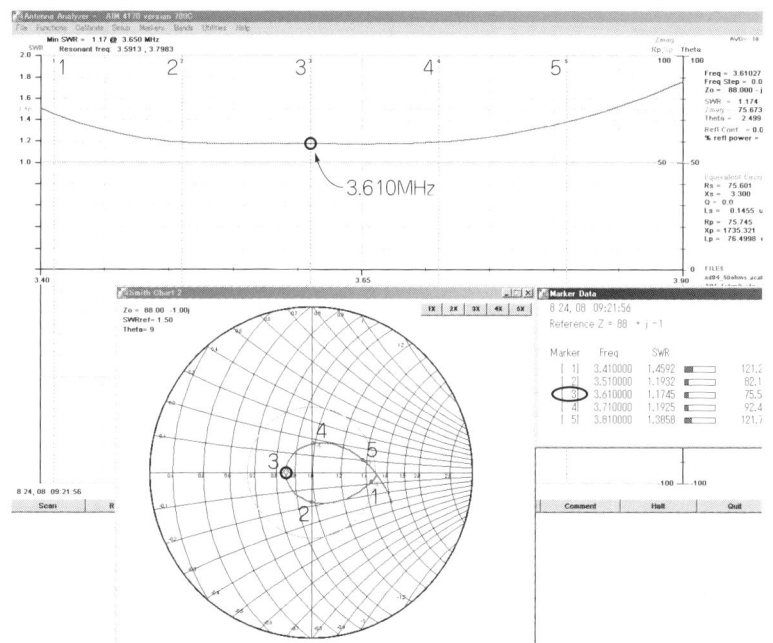

[図1-10] このダブル・バズーカ・アンテナ(B)の共振周波数は，マーカ3の3.610MHz

　図1-8は，AIM-4170用のデモ・ソフト(付属CD-ROMに収録)のスミス・チャート図ですが，任意長の同軸ケーブル使っているために，スミス・チャートが回転しているので共振周波数を特定できません．

　アンテナ直下，またはλ/2電気長の同軸ケーブルを通して測った場合でも，アンテナの型式によっては共振周波数がわからないことがあります．

　例えば，**図1-9**，**図1-10**は，ダブル・バズーカ・アンテナのSWRグラフとスミス・チャート図です．SWRのグラフでは，どこが共振周波数なのかまったくわかりません．

　しかし，スミス・チャート図では，**図1-9**は3.576MHz，**図1-10**は3.610MHzで**リアクタンス分が±j0なので，共振周波数と明確に特定できます．**

　では，ディップ・メータはどうでしょうか？　リアクタンス分が±j0で，インピーダンスが低い周波数でディップする簡易型の共振計なので，アンテナ直下で測定した場合は，アンテナの共振周波数を見つけることができます．

1-1 アンテナ調整 | **017**

1-2　インピーダンス整合

1-2-1　インピーダンス整合とは，どのような状態だと思いますか？

　これまでアンテナの整合に関して見てきましたが，電子回路についても同じことが言えます．一歩進んでインピーダンス整合についても考えてみましょう．

> **Question**：アンテナ系も含んで，インピーダンス整合とは，何をどのような状態にすることをいいますか？
> **Answer**：「向かい合った双方のインピーダンスを**合わせる**（同じにする）」と，多くの方が答えます．

　この回答は間違っています．
　前項(1-1)アンテナ調整と類似の混同で，インピーダンスの概念とインピーダンス整合を正しく理解していないための間違いだと思われます．
　正しくは，**電源側のインピーダンスと，負荷側のインピーダンスが，「複素共役」の状態，または，単に「共役」関係にすることを，インピーダンス整合**といいます．

〔説明〕上記の理由を説明します．
　共役とは，電源側のインピーダンスと負荷側のインピーダンスが向かい合っている状態において，相互のリアクタンス成分の $\pm j$ 記号が逆で，数値が同じときにキャンセルされて，純抵抗だけになることです．
　これは，次章で詳しく解説します．この章では，イメージとして，ざっと目を通してください．
　(1) 双方のインピーダンスを合わせた（同じにした）とき〔**図1-11**(a)〕
　(2) 双方のインピーダンスが純抵抗分だけの場合〔**図1-11**(b)〕
　(3) 双方のインピーダンスを「共役」関係にしたとき〔**図1-11**(c)〕
　上記(1)の状態はインピーダンス整合していません．
　(2)(3)のようにインピーダンス整合が取れたとき，電源（信号を送る）側からの電力が負荷（信号を受ける）側に100％伝達します．電源側(r)と負荷側(R)の間において，負荷側から電源側への反射電力が0になり，$SWR=1$の状態になります．
　図1-12の横目盛りは，R/r の正規化値です．

(電源側)
(負荷側)
(a) $Z_{A1}=40\Omega-j10\Omega$
Z_{A1}
×
Z_{B1}
$Z_{B1}=40\Omega-j10\Omega$
$Z_{A1}=Z_{B1}$なので不整合
(b) $Z_{A2}=40\Omega\pm j0\Omega$
Z_{A2}
○
Z_{B2}
$Z_{B2}=40\Omega\pm j0\Omega$
$Z_{A2}=Z_{B2}$なので整合
(リアクタンス分なしの場合)
(c) $Z_{A3}=40\Omega+j10\Omega$
Z_{A3}
○
Z_{B3}
$Z_{B3}=40\Omega-j10\Omega$
Z_{A3}とZ_{B3}共役関係なので整合

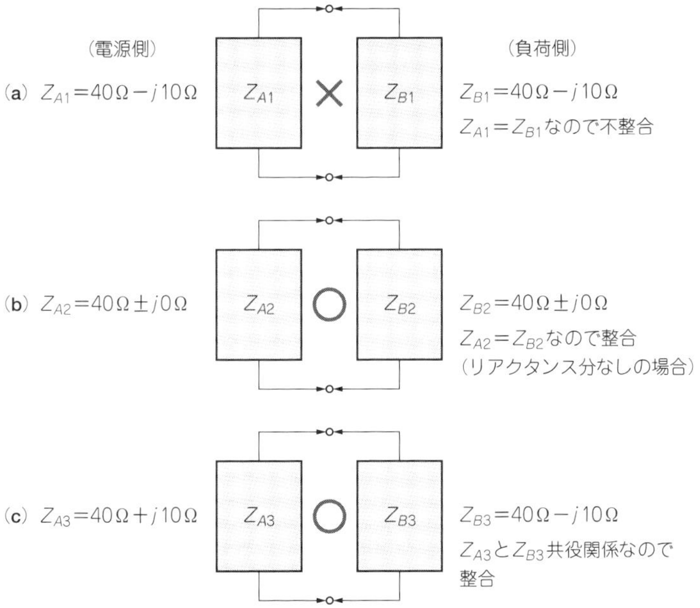

[図1-11]
向かい合う電源側(Z_A)と負荷側(Z_B)の整合状態

100(n)
%
80
60
40
20
0
電力効率
0
0.2
0.5
1
2
5
∞
Z_B/Z_A(正規化値)

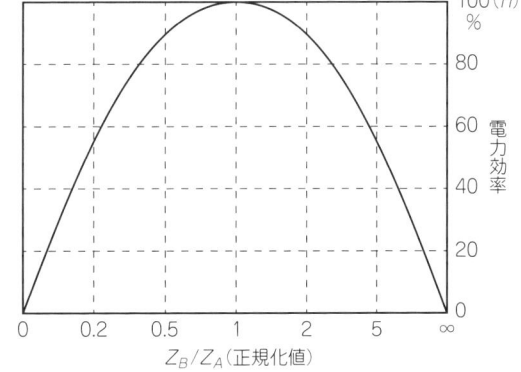

[図1-12]
電源側(Z_A)と負荷側(Z_B)間の電力効率は，(Z_A)=(Z_B)のとき100%になる(このグラフは(Z_A)と(Z_B)を正規化した値なので，左右対称になる)

1-2-2　インピーダンス(Z)とインピーダンス($|Z|$)を区別して考える

インピーダンスについて，簡単に説明します．

下記の三つの状態を混同しないようにしましょう．

①インピーダンス(Z)$=R\pm jX$

②インピーダンス(Z)$=R$(リアクタンス分がない場合)

③インピーダンスの絶対値$=|Z|=\sqrt{R^2\pm jX^2}$

の三つの状態です．

　これらの中で③は，①と②とはまったく別のものです．
　①は，抵抗(R)とリアクタンス(X)が直列になっている状態のインピーダンス(Z)です．
　②は，①の状態でリアクタンス(X)成分がない場合のインピーダンス(Z)です．そして，
　③は，(**図1-13**)に図示しているように，直交座標上に①の抵抗(R)とリアクタンス(X)を作図したときの，直角三角形斜辺部の矢印の長さ(大きさ)でインピーダンスの絶対値＝$|Z|$を表しています．これらの三つの状態を区別して考えなければなりません．

　第7章で詳しく説明しますが，市販の測定器の中にインピーダンスをスカラ測定して，③インピーダンスの絶対値＝$|Z|Z_{mag}$の数値を表示しているのに，単に「OHMS」とか「INPEDANCE」とあいまいに表記している機種があります．このために，ビギナーがインピーダンスについて思い違いをするおそれがあります．

　スカラ測定では，位相(角度Phase)情報がないインピーダンスの絶対値＝$|Z|$(Z_{mag})だけしか測定できないので，当然，虚数部分の$+j$(誘導性)，または，$-j$(容量性)の判別とその値は不明です．

　そこで，図1-13において，矢印の長さ(大きさZ_{mag})にプラスして，位相(角度Phase)も測定すれば，**ベクトル測定**になるので，座標上で矢印の**先端部の位置**が確定できます．この図の場合は，**先端部①**のインピーダンス(Z)＝$R \pm jX$です．

　アンテナの場合，放射インピーダンス(Z_a)は，放射抵抗(R_a)と放射リアクタンス($\pm jX_a$)の直列回路として考えます．

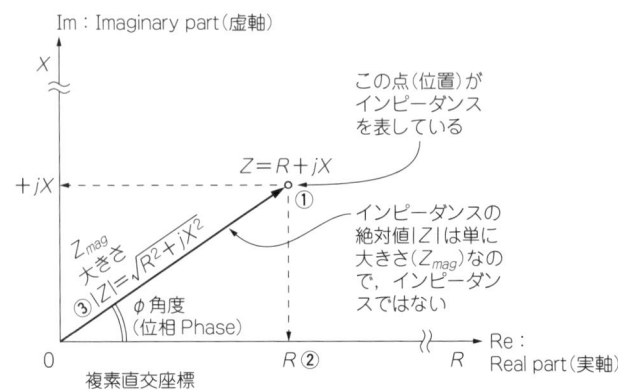

[図1-13]
インピーダンスを複素直交座標で作図する．$|Z|$(Z_{mag})とϕ(Phase)の二つがそろってベクトルになる

アンテナ(空中線)の場合，「放射」という言葉を前置しますが，本書では，単にインピーダンス(Z_a)，抵抗(R)およびリアクタンス($\pm jX$)として，アンテナ・インピーダンス(Z_a) = $R \pm jX$と表記します．

1-3　固定概念を打ち破るための例題をもうひとつ！

第4章の，図4-1と，図4-2を参照してください．この図の直列共振回路と並列共振回路において，7.0MHzではまったく同じ高周波特性(等価の回路)を示します．(ア)と(イ)の高周波特性が同じになる理由は，第4章で詳しく説明します．

一つの回路をインピーダンスとして見るか，アドミタンスとして見るかの違いだけで，このように一見違う回路に見えるのです．測定器が手元にある方は，ぜひ実際の回路を作って高周波特性を測定してみてください．

第4章で説明しますが，これをイミタンス・チャート上で解析すれば，一目瞭然です．もちろん，数式を使った計算でも，直列回路⇔並列回路の相互変換ができますが，チャート上で解析したほうが感覚的に理解しやすいでしょう．また，理解してしまえば，数式より手間がかかりません．

第3章でインピーダンスとアドミタンスの関係を，詳しく説明します．

パソコンでスッキリ！電波とアンテナとマッチング

第2章
インピーダンスとスミス・チャート
~インピーダンス整合の目的とスミス・チャートの重要性を知る~

　高周波の回路間，機器間，伝送線路そしてアンテナと，インピーダンス整合を必要とする個所がたくさんあります．もし，それらのインピーダンス整合が不備な場合，電力が次段に有効に伝達できないことはもちろん，その個所で，電磁波の漏洩が発生することがあります．また，これが受信装置であれば，その個所で不要な障害を受ける場合もあります．
　インピーダンス整合は，高周波を取り扱う場合に，避けて通れない重要な事項です．
　これから説明するスミス・チャートは，インピーダンスを解析して整合させる条件を見つけるための重要なツールの一つです．

2-1　そもそもインピーダンスとは何か？

　直流回路では，抵抗，電圧，電流そして電力の関係がわかれば，その回路の振る舞いが予想できましたが，交流回路では，そう簡単には済まされません．そこで，インピーダンスとは何なのかを，もう一度，確認してみたいと思います．
　第1章でも簡単に取り上げましたが，インピーダンスは，レジスタンス(抵抗)成分と，リアクタンス成分で構成されています．
　レジスタンスは，直流回路とほぼ同じ考え方で良いのですが，インピーダンスを考えるにあたり，まず，リアクタンスが何なのかを知る必要があります．

2-1-1　リアクタンス
　リアクタンスには，次の2種類があります．**誘導性リアクタンス**と**容量性リアクタンス**です．

(1)誘導性リアクタンス
　最初に，部品(素子)として見たときに，コイル(インダクタ)の作用である誘導性リアクタンスの説明をします．
　このコイルの特性(または状態)のことを，インダクタンスと言い，記号は(L)で

2-1　そもそもインピーダンスとは何か？　023

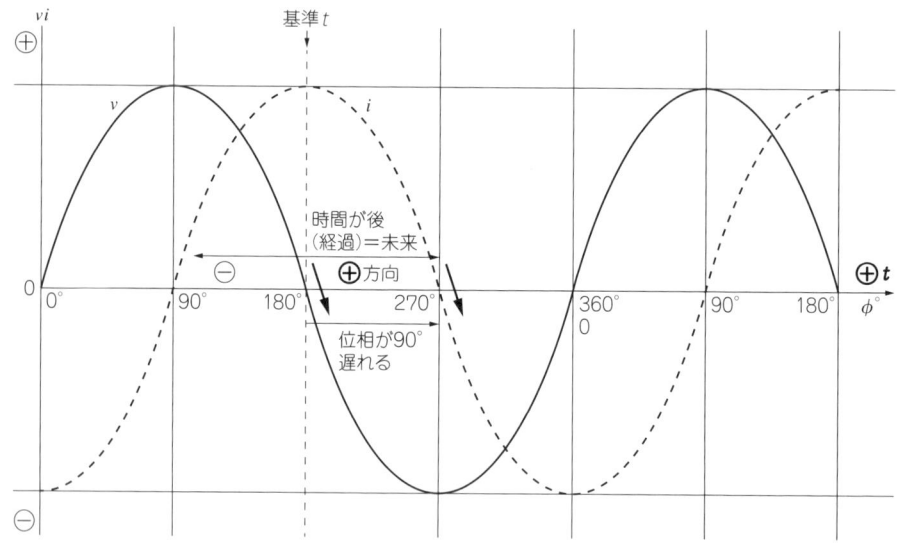

[図2-1] コイルに高周波電圧(v)を加えると，コイルに流れる電流(i)の位相は遅れる

表し，その値は，単位ヘンリー(H)で表します．

　このインダクタンスが交流回路の回路素子として，交流に対する作用(性質)のことを誘導性リアクタンスと言います．記号は，(X_L)で，単位はオーム(Ω)で表します．

　この作用とは，交流回路において，コイルの内部では交流の一周期毎に逆起電力が生じます．この誘導電力によりコイルに流れる交流電流は，加えられた交流電圧に対して，位相が遅れます(**図2-1**)．

　誘導性リアクタンスは，インダクタンスが交流に対する(インダクタンスが大きくなると交流は流れにくくなる)作用であって，単位にオーム(Ω)を使用しますが，電力消費はないので，電気抵抗の成分ではありません[※1]．

　したがって，数式上は実数ではなくて，虚数として扱います．誘導性リアクタンスで実際に数値が入る場合は，$+jX(Ω)$と表記します．

　ある周波数(f)において，L(H)のインダクタンスが持つ誘導性リアクタンス(X_L)は，次式で表されます．

[※1] しかし，扱う電力が数 10kW 以上の大きい場合，銅損による熱損失が無視できなくなるので，銅パイプ製のコイルの中を水で冷却することがある(**写真2-1**)．

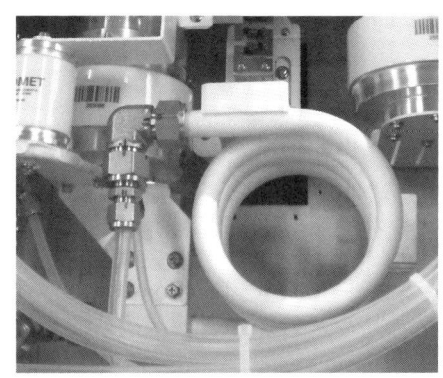

[写真2-1]
工業用13.56MHzのチューニング・ユニットのコイルを冷却するパイプ

$$X_L = \omega L = 2\pi f L$$

(例) 7.0MHzにおいて，2.0μHのコイルが持つ誘導性リアクタンスはいくらか？
　数値は，$X_L = 2 \times 3.14 \times 7.0 \times 10^6 \times 2.0 \times 10^{-6} = 88\Omega$ で，符号は，**図2-1**のように，位相が90°遅れるということは，時間軸で見れば時間の経過(後)を示す右方向(側)になるので，$+j$になります。
　したがって，誘導性リアクタンスは，虚数で$+j88\Omega$と表記します。

(2) 容量性リアクタンス

　部品(素子)として見たときに，コンデンサ(キャパシタ)の作用である，容量性リアクタンスの説明です。

　このコンデンサの特性(または状態)のことをキャパシタンスと言い，記号は(C)で表し，その数量値は，単位ファラッド(F)で表します。

　このキャパシタンスが交流回路の回路素子として，交流に対する作用(性質)のことを容量性リアクタンスと言います。記号は，(X_C)で，単位はオーム(Ω)で表します。

　この作用とは，交流回路において，コンデンサの内部では交流の一周期毎に放電が生じます。この放電により，コンデンサに流れる交流電流は，加えられた交流電圧に対して，位相が進むことです(**図2-2**)。

　容量性リアクタンスは，キャパシタンスが交流に対する作用(キャパシタンスが小さくなると交流は流れにくくなる)であって，単位にオーム(Ω)を使用しますが，電力消費はないので，電気抵抗の成分ではありません。

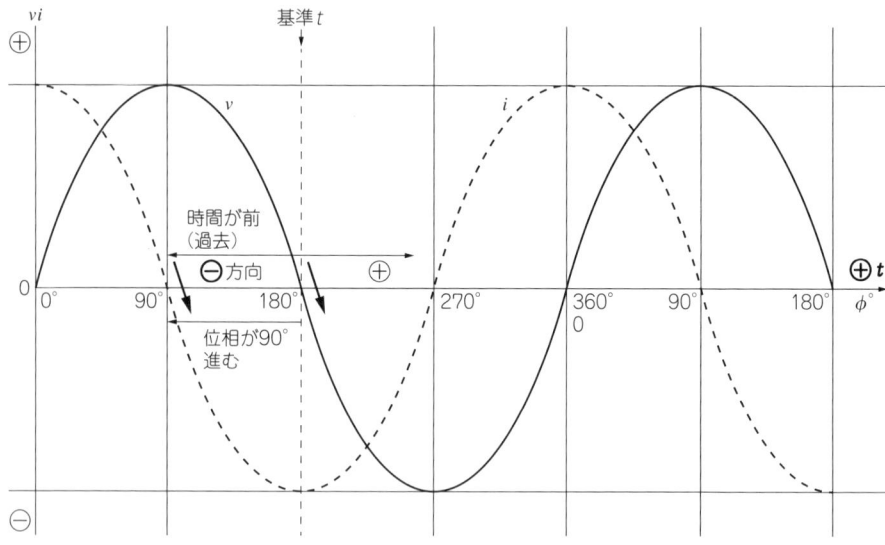

[図2-2] コンデンサに高周波電圧(v)を加えると，コンデンサに流れる電流(i)の位相は進む

したがって，数式上は**実数**ではなくて**虚数**として扱います．**容量性リアクタンス**で実際に数値が入る場合は，$-jX(\Omega)$と表記します．

ある周波数(f)において，$C(\mathrm{F})$のキャパシタンスが持つ容量性リアクタンス(X_C)は，次式で表されます．

$$X_C = 1/\omega C = 1/2\pi f C$$

(例) 7.0MHzにおいて，300pFのコンデンサが持つ**容量性リアクタンス**はいくらか？

数値は，$X_L = 1/2 \times 3.14 \times 7.0 \times 10^6 \times 300 \times 10^{-12} = 75.8\Omega$ で，符号は**図2-2**のように，位相が90°進むということは，時間軸で見れば時間の過去(前)を示す左方向(側)なので$-j$になります．

したがって，容量性リアクタンスは，虚数で$-j75.8\Omega$と表記します．

> 数学の分野では，**虚数**の符号として($\pm i$)を使用しますが，電気の分野で(i)は，電流の記号に使うので，区別して($\pm j$)を使います．

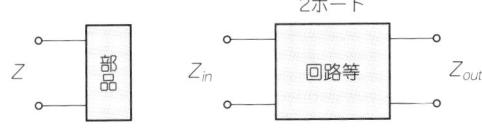

[図2-3]
インピーダンスは，素子や回路の状態を表す手段の一つ

2-1-2 インピーダンス

インピーダンスとは，交流回路において，回路を入力端子，または出力端子から見た高周波的特性(または状態)のことを表しています(**図2-3**).

もう一度繰り返して説明します．インピーダンスを数式で表すと，

$$\text{インピーダンス}(Z) = \text{レジスタンス}(R) + \text{リアクタンス}(\pm jX)$$

という式になります．

$$\text{インピーダンス}(Z) = \frac{\text{交流電圧}(e)}{\text{交流電流}(i)} \quad \cdots\cdots\cdots \text{式(2-1)}$$

※単位は Ω を使用

直流回路では，オームの法則で示される電気抵抗に相当するものが，交流回路では，インピーダンスということになります．

前述したように，通常，高周波回路はレジスタンス(R)だけでなく，コイル(インダクタンス)成分の誘導性リアクタンス($+jX$)と，コンデンサ(キャパシタンス)成分の容量性リアクタンス($-jX$)との，三つの性質の状態，または部品の組み合わせで構成されています．

これを式で表すと，次のようになります．

$$\text{インピーダンス} = \text{レジスタンス} + (\text{誘導性リアクタンス} + \text{容量性リアクタンス})$$

すなわち，

$$\text{インピーダンス}(Z)\,\Omega = (R)\,\Omega + ((+jX)\,\Omega + (-jX)\,\Omega) \quad \cdots\cdots \text{式(2-2)}$$

ここで，誘導性リアクタンス($+jX$)と容量性リアクタンス($-jX$)は，同じ虚数系

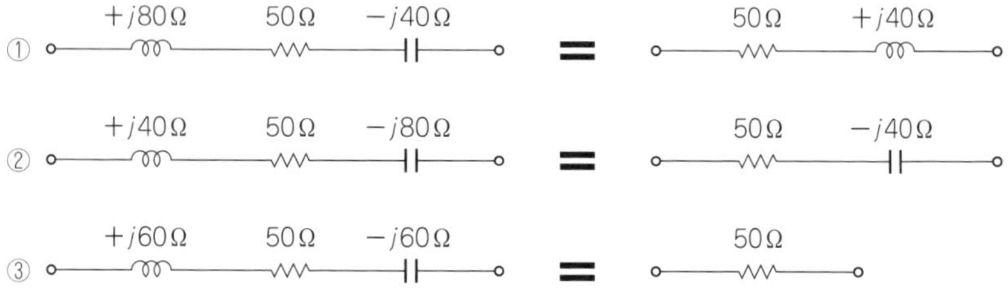

[図2-4] インピーダンスは直列回路の状態を表す．リアクタンスの虚数系列は，相互にキャンルしあって，数値の大きいほうが見かけ上，残る

列なので，相互にキャンルし合って，**数値の大きいほうが見かけ上，残ります．** したがって，図2-4の①誘導性リアクタンス$(+jX_L)$の数値が，容量性リアクタンス$(-jX_C)$より大きいときは，

$$インピーダンス(Z)\,\Omega = R\,\Omega + j(X_L - X_C)\,\Omega$$

になります．逆に，②容量性リアクタンス$(-jX_C)$の数値が，誘導性リアクタンス$(+jX_L)$より大きいときは，

$$インピーダンス(Z)\,\Omega = R\,\Omega - j(X_C - X_L)\,\Omega$$

になります．また，③誘導性リアクタンス$(+jX_L)$の数値と，容量性リアクタンス$(-jX_C)$が同じときは，打ち消しあって，$+jX_L + (-jX_C) = 0\,\Omega$なので，

$$インピーダンス(Z)\,\Omega = R\,\Omega$$

になります．
　これらがアンテナであった場合，等価回路は抵抗と直列共振回路に近似[※2]なので，
　①は，アンテナでいえば共振周波数より少し高い状態です．
　②は，アンテナでいえば共振周波数より少し低い状態です．
　③は，アンテナでいえば共振周波数の状態です．

※2　厳密には，$(L+R+C)//(L//C)$だが，直列回路が支配的．

ここで注意しなければならないことがあります．それは単位に，すべて Ω を使用することです．レジスタンス(R)は，当然，電力を消費します．しかし，リアクタンス(X)は，原理的には電力を消費しません※3．

2-2 なぜスミス・チャートが必要なのか？

前項では，インピーダンスを数式で表しました．リアクタンスは**虚数**で表すので，数式だけではわかりにくいかもしれません．

そこで，感覚的にインピーダンスを理解するために，インピーダンスを平面上(実数と虚数の二次元)の図によって説明しましょう．

2-2-1　インピーダンスは平面で考えるとわかりやすい

インピーダンス平面として，複素直交座標を使います．

虚数の符号は，数式と同様に，インピーダンス平面でも $\pm j$ を使います．

 インピーダンス＝抵抗 という状態は，特殊な場合であって，たいていの場合，インピーダンスはリアクタンス成分を含みます．(電気)抵抗の値は，周波数に関係ありませんが，リアクタンスを含むインピーダンスを数値で表す場合には，周波数の表記が必須の条件となります．

どんなに複雑な高周波回路の入・出力インピーダンスや，どんなアンテナの給電点インピーダンスでも，式(2-2)で表現できますが，これらを図面上に表現すれば下記のようになります．

抵抗値は，実数軸に(R)をプロットし，リアクタンス値は，虚数軸に ($+jX$)，または($-jX$)をプロットします．インピーダンス平面上で，これらの交点がインピーダンス(Z)を表す座標になります(**図2-5**)．

このように，インピーダンスはベクトル**大きさ**と**方向**(**角度**)で表せます．しかし，インピーダンスの絶対値($|Z|$)は，この平面上では矢印の大きさです．

※3　実際は，リアクタンス(X)以外の成分である銅損・表皮効果損，誘電体損等のために電力を損失(消費)する．扱う電力が大きいときは，損失としてかなりの熱が発生する．

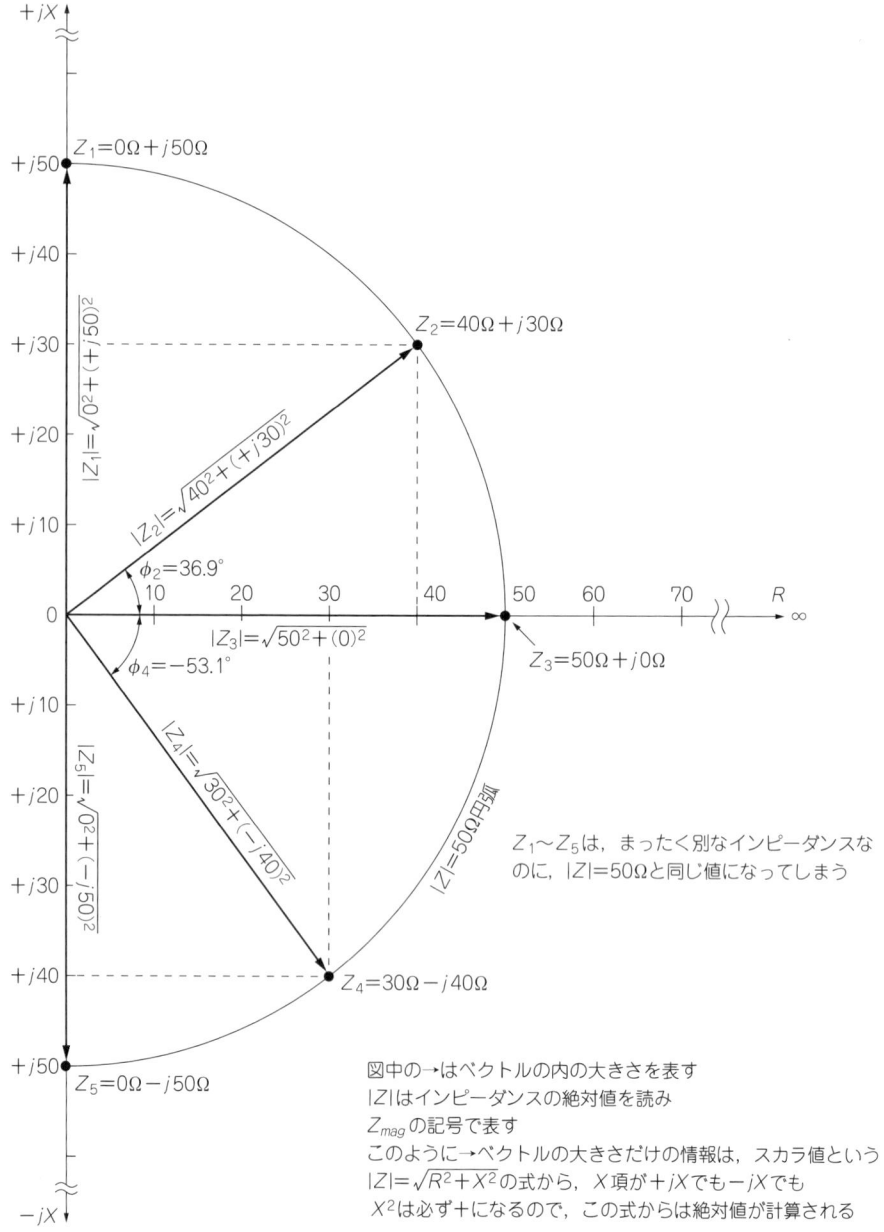

(A) インピーダンスは複素直交座標上で位置を特定できる

[図2-5] インピーダンスは，複素直交座標上で位置を特定することができる

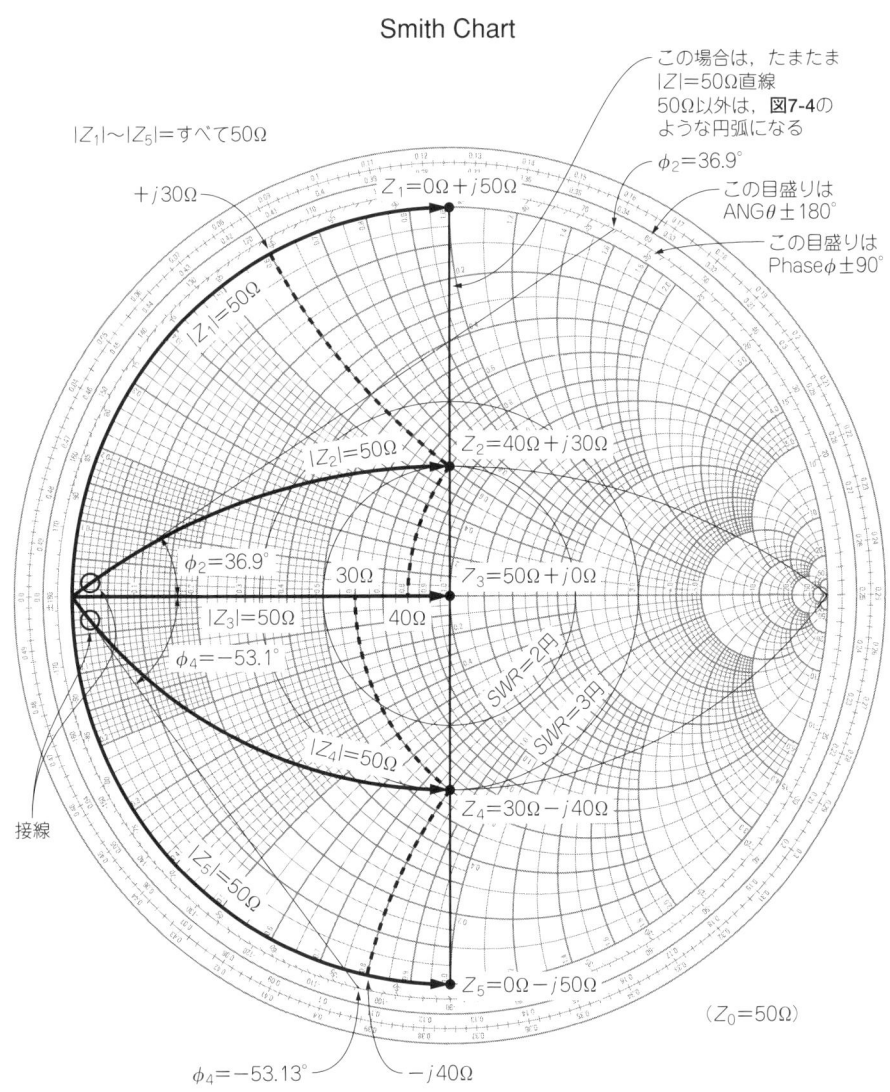

(B) (A)の複素直交座標を複素変形直交座標(スミス・チャート)に書きかえるとこのようになる

インピーダンスの絶対値 $|Z| = \sqrt{(R)^2 + (\pm jX)^2}$

ところで，

$Z_2 = 40 + j30\,\Omega \cdots\cdots |Z_2| = \sqrt{(40)^2 + (+j30)^2} = 50\,\Omega$

と，

$Z_4 = 30 - j40\,\Omega \cdots\cdots |Z_2| = \sqrt{(30)^2 + (-j40)^2} = 50\,\Omega$

は，まったく別のインピーダンスにもかかわらず，絶対値の大きさ $|Z| = Z_{mag}$ は，

$|Z_2| = |Z_4| = 50\,\Omega$

と，同じ値になってしまいます．また，式から，$|Z|$ の値が同じになる R と $\pm jX$ の**組み合わせは無数にある**ことになります．これは不都合です．

インピーダンス整合に必要情報は，インピーダンス(座標上の (Z) 点の位置)であって，数値としては，$Z = R \pm jX$ すなわち，抵抗値 (R) とリアクタンス値 $(\pm jX)$ の二項目が必要です．

このように，**直交座標上の位置が重要**なのですが，図2-5(**A**)のような，目盛りが等間隔(リニア目盛り)な図面の場合，大きい数値を表すためには，広大な図面が必要です．ところが，負荷が $\infty\,\Omega$ のオープン状態は，事実上，**たびたび起こる状態**にもかかわらず，有限の図面では，抵抗値 $(R) = \infty\,\Omega$ とリアクタンス値 $(\pm jX) = \pm j\infty\,\Omega$ を表現できません．

そこで，**図2-5(A)の複素直交座標**を図2-5(**B**)の**変形の複素直交座標**に書き換えると，この問題が解決できます．

(1) 反射係数

 インピーダンス以外に，回路や素子(部品)の特性や状態を示すことができるのが，反射係数 (Γ) ガンマです．

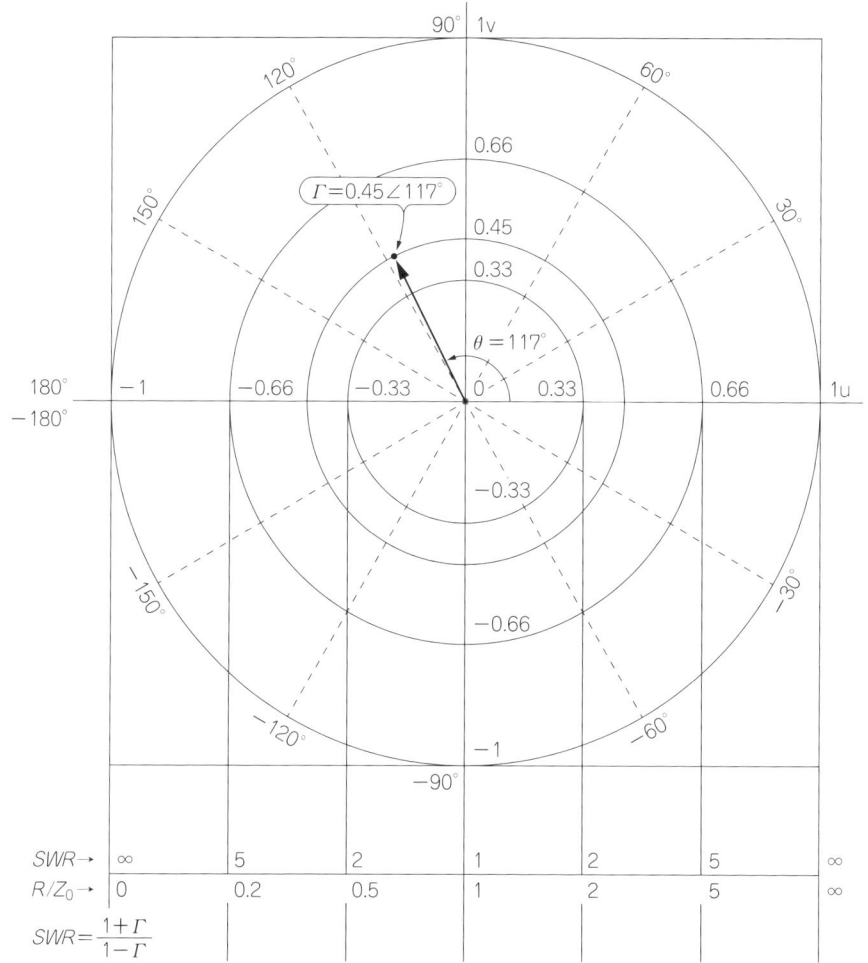

[図2-6] 反射係数は(Γ)，ベクトル測定の値なので，極座標上でρ（大きさ）と$\angle\theta$（角度）により位置を特定することができる

　反射係数(Γ)は，回路や素子に対して信号を加え，入力波と反射波の電圧と位相を測定し，その電圧の比と位相差によって表します。
　反射係数(Γ)は，MAG(大きさ＝ρ)∠ANG(角度＝θ)で表します。
　図2-6の点，$\Gamma=0.45\angle 117°$は，図2-10の点，$Z=25\Omega+j25\Omega$と同じ位置です。

このように，反射特性を(振幅＝ρ)と(角度＝θ)の2項目で得ることを，**ベクトル測定**といいます．ρの値は，0～1の数値，θの値は，0°～±180°の角度で表します．

このように表現することにより，

> 反射係数(Γ)は，一つの極座標上の円内にすべてを表せます．
> ※これは，重要な考え方です．

反射係数(Γ)には，2項目あるので，極座標上にプロットすることにより，位置を特定して表現でき，視覚的に捉えることができます．

> [!] 極座標上のMAG(大きさ＝ρ)と，直交座標上のインピーダンスの絶対値($|Z|$)を混同しないようにしましょう．
> 反射係数の∠ANG(角度＝θ)は，0°～±180°ですが，直交座標でインピーダンスを表示するときの位相(ϕ)は，0°～±90°です．

(2) *SWR*とリターン・ロス

反射特性を表す方法には，前項の反射係数の他に，位相情報を含まない方法として，*SWR*とリターン・ロスがあります(第7章で後述)．

この二つは，反射特性を**振幅＝**ρだけで得ており，これを**スカラ測定**といいます．*SWR*とリターン・ロスは，極座標上で円として表すことができます．しかし，**角度＝**θ情報がないので，位置を特定できません(図2-7)．

● *SWR*とは

数W以上の高周波電力を使って動特性を測定します．

*SWR*は，進行波の電力と反射波の電力との比率から計算した値です．単位はありません．伝送線路と負荷との整合の度合い(または反射の状態)を表します．

伝送線路に負荷が接続されているとき，伝送線路の特性インピーダンス(Z_O)と負荷のインピーダンス(Z_L)とが不整合のとき，伝送線路に定在波が生じます．この定在波の電圧の最高値と最低値との比率を*VSWR*(電圧定在波比)といいます．

もちろん，*SWR*と*VSWR*は同じ値になります．

反射波がまったくないとき，*SWR*＝1.0となり，進行波すべてが反射される状態のとき，*SWR*＝∞となります．

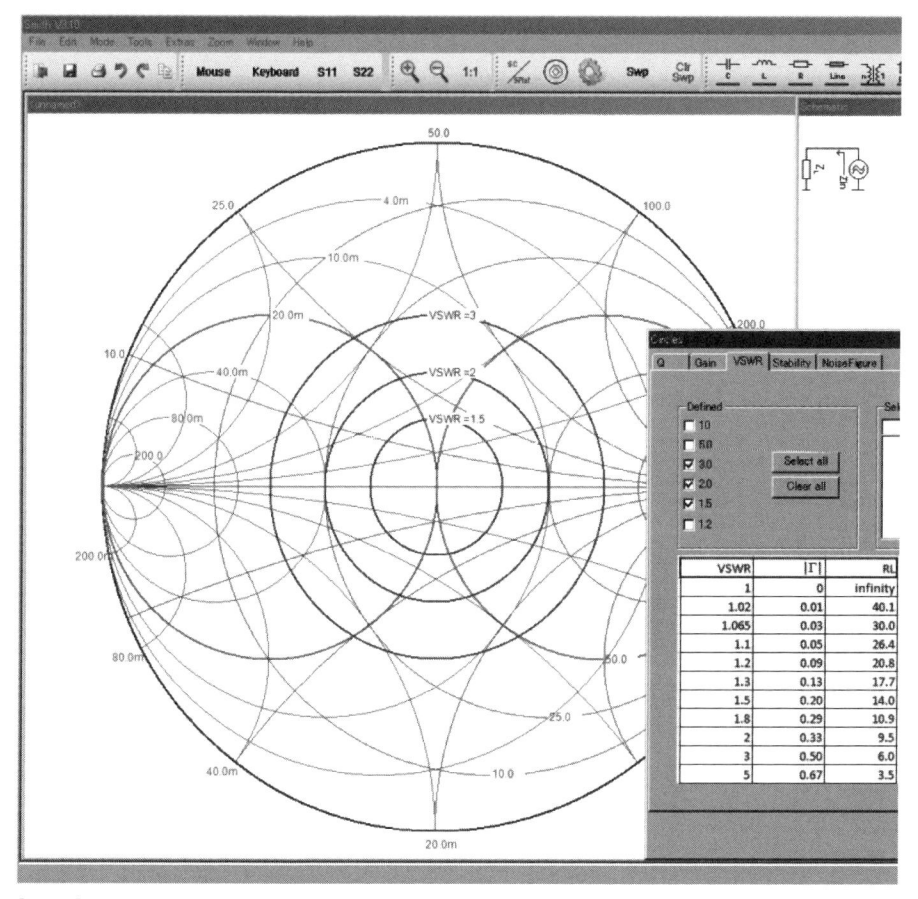

[図2-7] *SWR*とリターン・ロスは，スカラ測定の値なので位相情報を含まない

● リターン・ロス

微弱な高周波電力を使って静特性を測定します．
リターン・ロスは，反射係数を対数表示したものです．単位はdBです．
伝送線路と負荷の整合度合い(または反射の状態)を精密に表します．

$$RL\,(\mathrm{dB}) = 20\,\log_{10}\frac{(SWR+1)}{(SWR-1)}$$

2-2 なぜスミス・チャートが必要なのか？ | 035

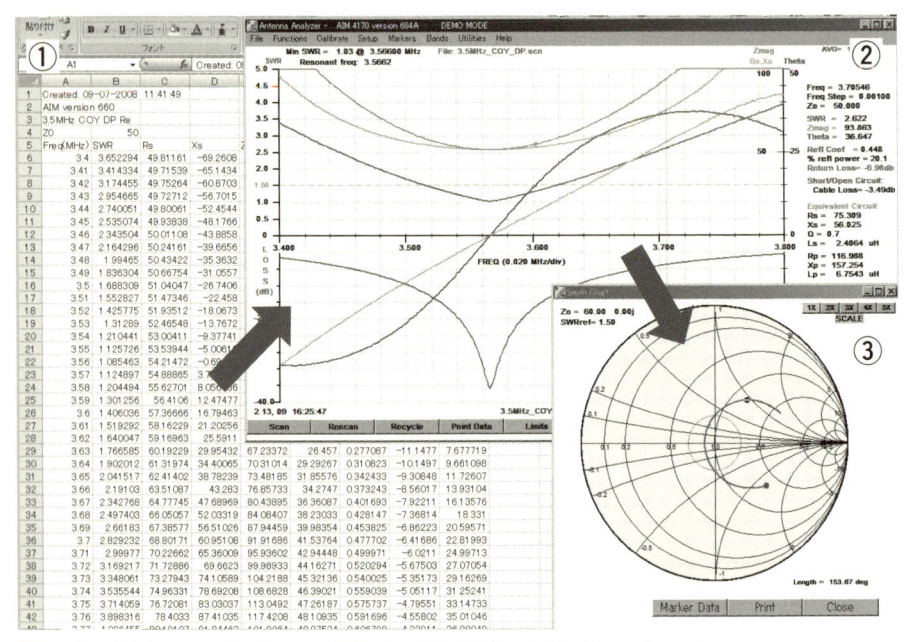

[図2-8] 連続するインピーダンスの①データの表と②グラフと③スミス・チャート

無反射のときは，∞dBで，全反射のときは，0dBとなります．

> ここで重要なことは，インピーダンス(Z)と反射係数(Γ)は，ある一つの回路や素子(部品)の特性や状態を，それぞれ別の方向(観点)から捉え，それぞれ独自に表現しているだけです．
> ※これは，重要な考え方．

2-2-2 スミス・チャートの必要性

ここでスミス・チャートの役割を説明します(図2-8)．
(1) 物事の状態や変化する状態を記録するとき，データを表にします．
(2) 変化の状態は，表よりもクラブで表現したほうが感覚的に良くわかることが多いと思います．
(3) 表現の仕方を工夫して，もっとわかりやすくしたのがスミス・チャートです．

> 反射係数とインピーダンスとは，同じもの(状態)を表しています．したがって，反射係数が一つの円内にすべてを表現できるということは，インピーダンスも，一つの円内にすべてを表現できることになります．
> ※これも重要な考え方，写像(mapping)の根拠になる．

では，ここで，スミス・チャートが必要とされている理由を考えてみましょう．大きくわけて三つあります．

スミス・チャートを必要とする理由 その1

限られた図面の大きさ(一つの円内)に，すべてのインピーダンスの値をプロットすることができるので，説明するときに便利です．

上記のインピーダンス平面(複素平面)では，インピーダンスの値が大きいとプロットできないと述べましたが，次のように，複素直交座標の等間隔目盛りを変形すれば，限られた範囲で，すべての数値を表現することができるようになります．

複素直交座標の目盛りを，二つのスパン 0⇔1⇔∞ に区切ります．下記の式により，0⇔1のスパンは，0に近いほど拡大し，1⇔∞のスパンは，∞に近いほど圧縮します[※4]．

$$SWR = \frac{1+\rho}{1-\rho}$$

(ρ から SWR を計算する式)により(ρ は反射係数のMAG)

この目盛りの中心は1ですが，この中心点は他の数値に置き換えても目盛りとして成立します(**図2-9**)．※これも，正規化という重要な考え方．

ところで，電気抵抗またはインピーダンスが0Ωということは，回路がショート

正規化目盛り→	0	0.2	0.5	1	2	5	∞
(Ω)目盛り→	0	10	25	50	100	250	∞

「複素直交座標」のR軸を「変形複素直交座標」に書き変える

[図2-9] 直交座標の等間隔目盛りでは，大きい値を表すことができないが，目盛りを改良すると0から∞まで一つの目盛りで表すことができるようになる

※4 複素直交座標の目盛りを正規化したものを，本書では変形複素直交座標と表記して解説を進める．

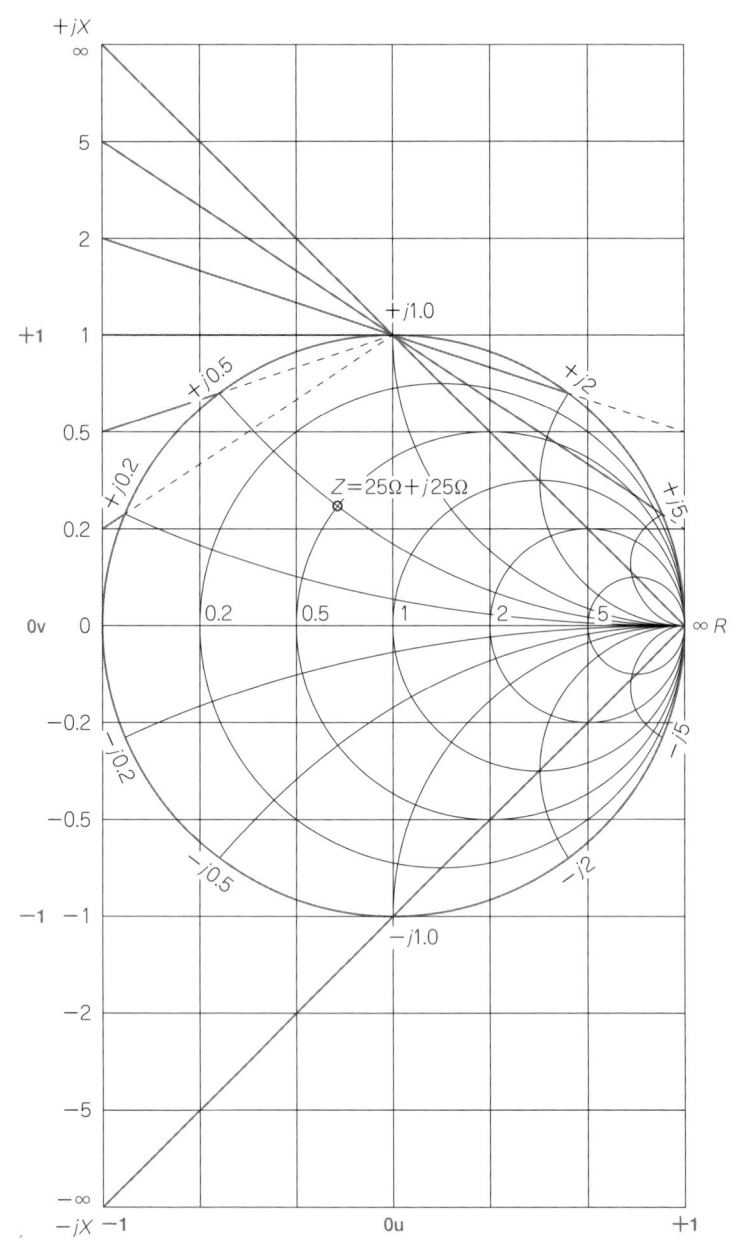

[図2-10] 変形複素直交座標を極座標に写像(mapping)するとスミス・チャートになる．この図面は，(図2-6)図面の上に描かれている．

状態，すなわち電流が無限大に流れ，電圧が0の状態を意味します．また，電気抵抗，またはインピーダンスが∞Ωということは，回路がオープン状態，すなわち電流がまったく流れない状態を意味します．

　この目盛りを実数軸と虚数軸にも対応させて，**極座標に写像**(mapping)**すれば**，**図2-10**になります．図2-10は，図2-6に完全に重なります．

　実数抵抗軸は**直線**ですが，外周と抵抗値は**円**，リアクタンス値は**円弧**になります．また，元図の(実数)縦線が円に，(虚数)横線が円弧になっていますが，この図はもともとが直交座標なので，**円と円弧との交点はすべて直交**しなければなりません．複素平面である直交座標を円形に表現できるのです．これは，地表を地図に書き換えるのとは，逆のような作業です．

　できあがった図は，**スミス・チャート**そのものです．作図方法の詳細は，拙著『スミス・チャート実践活用ガイド(CQ出版社)』を参照してください．スミス・チャートの下部にある数本のサブ目盛りの使い方についても，解説しています．

　反射係数とインピーダンスの相互変換は，本書付属CD-ROM内のソフトで計算することができます(**図2-11**)．

スミス・チャートを必要とする理由　その2

　インピーダンスの周波数に対する連続的な変化量を，視覚的に捉えて分析できることです．

　アンテナの共振(リアクタンス分が0になる)周波数では，アンテナの給電点インピーダンスが放射抵抗だけになります．このときのデータは，インピーダンス値＝抵抗値です．

　これは，共振周波数だけの**ワンポイントの情報**であり，アンテナ整合のデータとしては必要十分な条件と言えません．

　必要なデータは，共振周波数の前後の周波数での**連続的なインピーダンスの特性**です．言い換えれば，抵抗分の連続的な数値と，リアクタンス分が誘導性か容量性かの判別とその連続的な数値が必要なのです(**図2-4**)．

　当然，アンテナ以外のインピーダンス整合についても，同様のことがいえます．

　固定化された物事は存在しません．物事を判断する場合，ワンポイントの情報では，正しく判断できないことが多く，特に物理・電気の分野では，過渡的・連続的なデータがとても重要です．

大きさ　角度
反射　(MAG)(ANG)は，±180°
係数　ρ　θ
$\Gamma = 0.5 \angle +119°$

- ΓからZ他を計算する式は，『スミス・チャート実践活用ガイド(第1章)』を参照のこと．
- 本書付属CD-ROMにExcel用の計算マクロを収録(図B)
- 計算でも作図からでも同じ値が導かれる
- ベクトルは矢印の大きさと角度(方向)の二つで表す
- $|Z|=Z_{mag}$だけではベクトルにならない

極座標

$$Z_0 \frac{e}{i} = \sqrt{R^2+X^2} = |Z| = Z_{mag} \text{(大きさ)}$$
$$50 \frac{0.87}{1.32} = \sqrt{21.5^2+25^2} = 33\Omega = |Z| \text{(インピーダンスの絶対値)}$$
$$\phi = 49.3° = \text{Phase(位相)}$$

=

インピーダンス　R　X
$Z = 21.5\Omega + j25\Omega$

(複素)変形直交座標＝スミス・チャート

(複素)直交座標

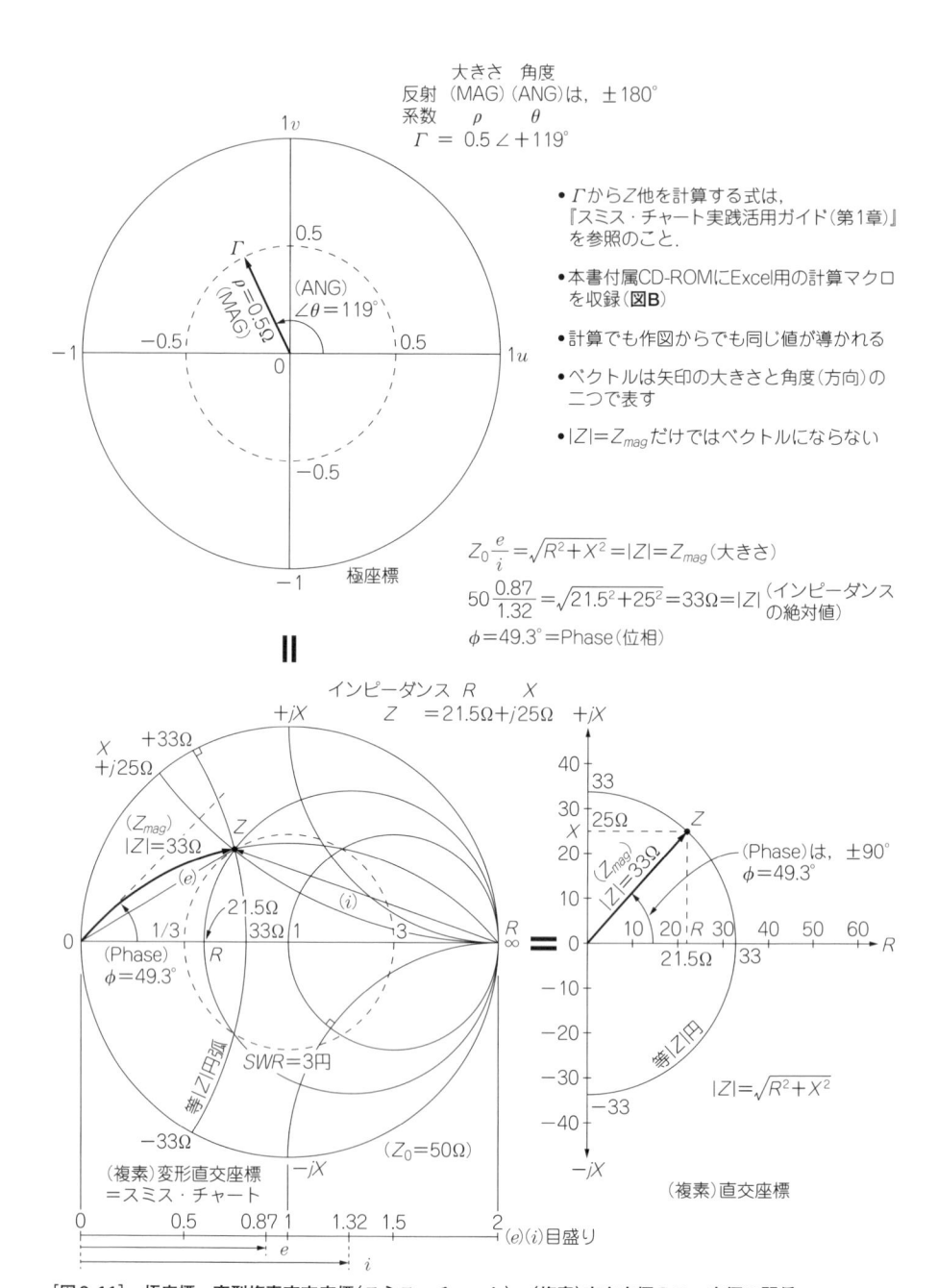

$|Z| = \sqrt{R^2+X^2}$

$(e)(i)$目盛り

[図2-11]　極座標，変型複素直交座標(スミス・チャート)，(複素)直交座標の三つ座標の関係

040　第2章　インピーダンスとスミス・チャート

スミス・チャートを必要とする理由　その3

高周波回路を構成する**各素子の数値の変化量**，または，**周波数に対する変化量を連続的な変化として視覚的に捉えて**分析できることです．

高周波回路を構成する，抵抗器，コンデンサ，コイル，RFトランスおよび伝送線路等の素子が，個々に動作している状態や変化をチャート上で直接見ること（分析）ができるので，回路定数の決定や変更が，作図と簡単な計算で容易にできるのです．

高周波回路設計をスミス・チャート上で分析しながら行えば，極めて合理的に回路とその定数を決定することができるわけです．実践編では，いくつかの例をあげて具体的に説明します．

スミス・チャートは，複雑な複素数計算をしなくても，インピーダンスの解析ができます．コンピュータが身近になった今日では，複雑な計算は計算ソフトがあれば，いとも簡単にできますが，上記の理由により，**スミス・チャートは，変化を表示できる**という**特徴**が，今後も使われ続ける十分な根拠になります．

2-3　特性インピーダンスとインピーダンスの正規化

● 測定に必要な伝送線路（同軸ケーブル）の重要性

特性インピーダンス（Z_o）という言葉は，次の二つの事柄に対して使用します．

伝送線路の特性インピーダンス（Z_o）と，スミス・チャート上で正規化するときの**基準になるインピーダンスとしての特性インピーダンス（Z_o）**です．

2-3-1　伝送線路の特性インピーダンス（Z_o）

これまで述べてきたように，インピーダンス（Z）＝$R \pm jX$は，回路等をある端子から見た電気的特性（状態）を表しています．その端子に加えられた電圧／電流の比で表すので，単位はΩを使います．

何度も言いますが，インピーダンスは，リアクタンス分を含まないときは，（Z）＝Rとなり，純抵抗分だけになります．リアクタンス分が含まれているとき，リアクタンスの値は，周波数に比例または反比例して変化します．このリアクタンスは，単位としてΩを使用していますが，電圧に対する電流の位相を遅らせたり早めたりして，高周波電流の流れを妨げる作用であって，電力を消費しないので，電気抵抗ではありません．

特性インピーダンス（Z_o）は，インピーダンスと同じく，端子に加えられた電

①同軸ケーブル
②平行2線フィーダ
③マイクロ・ストリップ・ライン

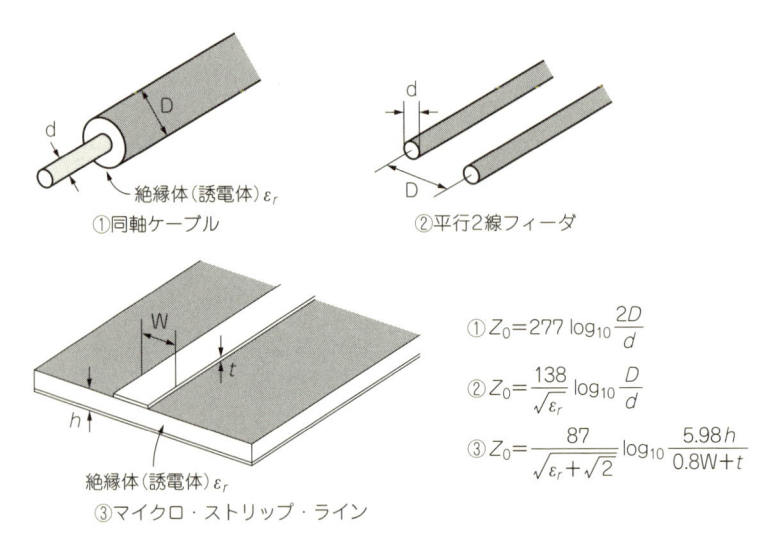

① $Z_0 = 277 \log_{10} \dfrac{2D}{d}$

② $Z_0 = \dfrac{138}{\sqrt{\varepsilon_r}} \log_{10} \dfrac{D}{d}$

③ $Z_0 = \dfrac{87}{\sqrt{\varepsilon_r + 2}} \log_{10} \dfrac{5.98h}{0.8W + t}$

[図2-12] ①同軸ケーブル，②平行2線フィーダ，③マイクロ・ストリップ・ラインの特性インピーダンスは，伝送線路の形状と絶縁体(比誘電率 ε_r)で決まる固有値

圧/電流の比で表すので，単位はΩを使います．

> 特性インピーダンス(Z_0)の重要な特徴は，①周波数が変化してもその特性インピーダンスの値は変化しない．また，②インピーダンスと同様に単位としてΩを使用しているが，電力を消費しないので，電気抵抗ではない．

ただし，実際には，線路長が長くなると，伝送線路を構成している電線自体の抵抗損失と，高周波の表皮効果損失，そして絶縁体による損失より，周波数に比例して損失(電力消費)が増大します．

伝送線路を片方の端子から見た場合の特性インピーダンスの電気的特性(状態)は，次のようになります．

①伝送線路のもう一方の端子に，伝送線路の特性インピーダンスと同じ値の純抵抗を接続しているとき，片方の端子から見たインピーダンスは，同軸ケーブルの長さに関係なく特性インピータダンスの値に見えます．

②伝送線路の長さが有限長で，伝送線路のもう一方の端子に伝送線路の特性インピーダンスと異なる値の純抵抗を接続しているとき，片方の端子から見たインピーダンスは，図9-2または，図9-3のようにスミス・チャート上を回転する

ので，測定する周波数によって，まったく異なるインピーダンス値に見えます（実際には，伝送線路に損失があるので，スミス・チャート上を回転しながら，徐々に中心に近づく）．

③伝送線路の長さが無限長のとき，無限大の損失があるので，伝送線路のもう一方の端子に，どのような値の負荷を接続していても，片方の端子から見たインピーダンスは，常に特性インピーダンスの値に見えます．

伝送線路の形態は，図2-12のように3種類あります．それぞれの特性インピーダンス(Z_o)の値は，形態と絶縁体(＝誘電体の比誘電率ε_r)，物理的構造によって定まる固有の値です．

伝送線路を構成している絶縁体の素材により，それぞれ損失が少ない特性インピーダンス(Z_o)の値が決まっています．

同軸ケーブルやストリップ・ラインの場合は，物理的にも電気的にも安定した状態の特性インピーダンス(Z_o)があり，その値が50～75Ω付近になるわけです．

2-3-2 スミス・チャートの目盛りは正規化値

正規化値とは，インピーダンスを，基準となる特性インピーダンス(Z_o)で割った値です．

スミス・チャートの片隅には，必ず，(Z_o)＝50Ωなどの表示をしなければなりません．

イミタンス・チャートの場合も，Z_o＝50Ω，Y_o＝0.02Sなどと表示しなければなりません．

測定器に，被測定物を直接に接続することはできないので，一般的には，測定用の同軸ケーブルを介して測定することになります．すなわち，測定器の測定端子インピーダンスと測定用の同軸ケーブルの特性インピーダンス(Z_o)は，必ず同じ値でなければなりません．したがって，本書に度々登場しますが，測定用の同軸ケーブルの存在はとても重要です．

> 📝 **特性インピーダンスの(Z_o)は，「ゼット・ゼロ」？「ゼット・オー」？**
> 負荷(Load)のインピーダンスを，Z_L，アンテナ(Antenna)のインピーダンスを，Z_aなどと言うので，基準になるインピーダンスという意味で(OはOriginのO)「ゼット・オー」と言うのが正解だと思います．

第3章

インピーダンスとアドミタンス
～インピーダンスは直列回路で，アドミタンスは並列回路で考える～

> インピーダンスという考え方は，高周波回路を直列回路の状態で表しています．当然，高周波回路を並列回路の状態で表すことも必要になります．それがアドミタンスという考え方です．
> 第4章でも説明しますが，電子回路は，直列回路と並列回路の組み合わせです．電子機器等を等価回路解析する場合，〔直列回路⇔並列回路の相互変換〕=〔インピーダンス⇔アドミタンスの相互変換〕を繰り返して処理します．

3-1 並列回路はアドミタンスで考える

● インピーダンスとアドミタンスの関係を数式で考える

アドミタンス(Y)は，インピーダンス(Z)の逆の考え方です．

合成インピーダンスを求める場合は，直列回路で考えます．つまり，その数値と構成する素子数が多いほど電流は流れにくくなります．逆に，合成アドミタンスを求める場合は，並列回路で考えます．その数値と素子数が多いほど電流は流れやすくなります．

アドミタンスは，電流の流れやすさを表す概念です．それを式で表せば，下記のようになります．

$$\text{アドミタンス}(Y) = \text{コンダクタンス}(G) + \text{サセプタンス}(\mp jB)$$

で表現し，

$$\text{アドミタンス}(Y) = \frac{\text{交流電流}(i)}{\text{交流電圧}(e)} \quad \text{式(3-1)}$$

[表3-1] インピーダンスとアドミタンスの各項を整理した表

		インダクタンス(L) INDUCTANCE	キャパシタンス(C) CAPACITANCE
インピーダンス IMPEDANCE (Z)	レジスタンス RESISTANCE (R)	誘導性リアクタンス INDUCTIVE REACTANCE ($+jX$)	容量性リアクタンス CAPACITIVE REACTANCE ($-jX$)
アドミタンス ADMITTANCE (Y)	コンダクタンス CONDUCTANCE (G)	誘導性サセプタンス INDUCTIVE SUSCEPTANCE ($-jB$)	容量性サセプタンス CAPACITIVE SUSCEPTANCE ($+jB$)

※〜ANCEとは，**状態**を表す接尾語

　これは，式(2-1)の逆数です．
　単位は，S(ジーメンス)を使用します．
　したがって，アドミタンスの数値が大きい状態，すなわち∞Sは，電流が無限に流れる状態であり，インピーダンスで言えば，0Ωとなります．つまり回路がショート状態であることを意味します．
　逆に，アドミタンスの数値は小さい状態，すなわち0Sのときは，電流が流れない状態です．インピーダンスで言えば∞Ωで，回路がオープン状態であることを意味します．
　アドミタンスについて基本的な考え方を説明しましたが，ここで，インピーダンスとアドミタンスの関係を整理したのが，**表3-1**です．
　上記の表を，式で表すと次のようになります．

- インピーダンス(Z)＝レジスタンス(R)＋リアクタンス(jX)　単位はΩオーム
  インピーダンス系のΩオームは，電流の流れにくさの単位です．
- アドミタンス(Y)＝コンダクタンス(G)＋サセプタンス(jB)　単位はSジーメンス
  アドミタンス系のSジーメンスは，電流の流れやすさの単位です．
  アドミタンスはインピーダンスの逆数なので，$Y = 1/Z$
  正に周波数(F)と周期(T)の関係に似ています．$F = 1/T$
  これも，ある一つのものを別の方向(観点)から見ているだけです．

> ここでいう直列回路と並列回路は，別々の独立した二つの回路をいう場合もあるが，次項のように，ある一つの回路であっても，直列回路として取り扱ったほうが良い場合と，並列回路として取り扱ったほうが良い場合とがある．

3-2 インピーダンスとアドミタンスを同時に扱う(イミタンス・チャート)

　インピーダンス,またはアドミタンスをチャート(図表)上にプロットして,特性を目で見ながら解析できるのが,下記の各チャートです.
- 高周波回路をインピーダンスという概念だけで解析して処理することもできますが,アドミタンスという概念を同時並行して使ったほうが,明らかに簡単に処理でき,間違いも少なくすることができます.
- 高周波の分野では「インピーダンスとアドミタンスの関係を自在に切り替えて解析して処理することができるようになること」が求められます.

　ある一つの高周波回路を直列回路として考えるときは,インピーダンスとして取り扱い,スミス・チャート上で解析します.また,並列回路として考えるときは,アドミタンスとして取り扱い,アドミタンス・チャート上で解析します.そして,直列回路⇔並列回路と相互変換する必要がある場合は,インピーダンスとアドミタンスを同時に取り扱うことができるイミタンス・チャート上で解析して処理します.

　第6章のアンテナ調整では,アドミタンスで解析して整合を取ります.高周波回路はイミタンス・チャートで考えるようにしましょう.

イミタンス・チャート IMMITTANCE CHART (3)	インピーダンス・チャート IMPEDANCE CHART (1)
	アドミタンス・チャート ADMITTANCE CHART (2)

(1) インピーダンス・チャート　　(2) アドミタンス・チャート　　(3) イミタンス・チャート
　　（スミス・チャート）

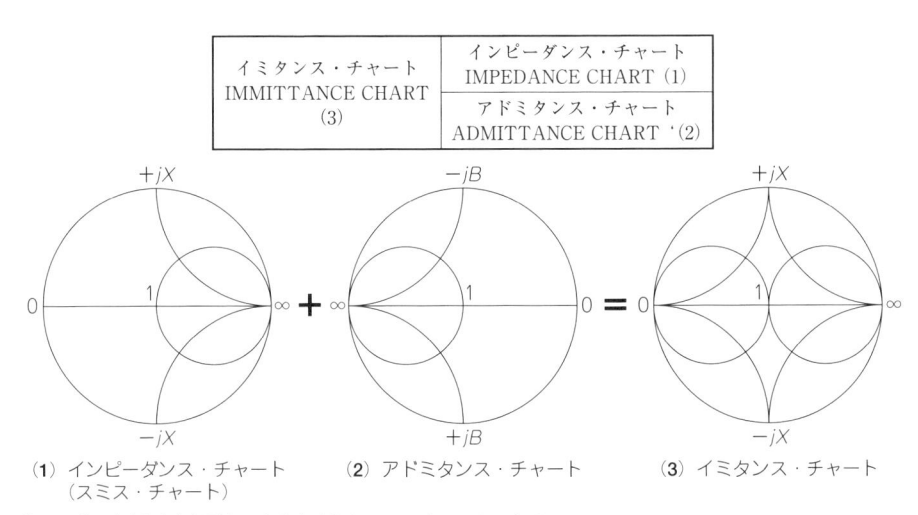

[図3-1]　(1)と(2)を重ねると(3)イミタンス・チャートになる

3-3　インピーダンス($Z=R+jX$)と，アドミタンス($Y=G-jB$)の相互変換

次の四つの状態について考えます．

R_s（直列レジスタンス），X_s（直列リアクタンス），
R_p（並列レジスタンス），X_p（並列リアクタンス）

のように，
　直列と並列の状態を区別して表示すると間違いが少なくなります．
　R_sはレジスタンス(R)，X_sはリアクタンス(X)に置き換えられます．
　$1/R_p$はコンダクタンス(G)，$1/X_p$はサセプタンス(B)に置き換えられます．
　次の①は，考え方のプロセスです．②は，①の二つの変換を一つの式で計算しています．
　①式により$Z \Leftrightarrow Y$の相互変換を一度**自分で計算**すると，これらの関係がはっきりします．なお，＋または－は直列，//は並列という意味です．

- インピーダンス($Z=R+jX$)からアドミタンス($Y=G-jB$)を計算する方法．
  ① $R_s+X_s \Rightarrow R_p//X_p$ に直列並列変換して，$G=1/R_p$，$B=1/X_p$ に変換します．
  ② $Y = \dfrac{1}{Z} = \dfrac{1}{(R \oplus jX)} = \dfrac{(R-jX)}{(R+jX)(R-jX)}$ よって，$G = \dfrac{R}{(R)^2+(X)^2}$　$B = \dfrac{\ominus jX}{(R)^2+(X)^2}$

  この②式から，変換するとXとBの項は，$+j$または$-j$の符号が反転するのがわかります．

- アドミタンス($Y=G-jB$)からインピーダンス($Z=R+jX$)を計算する方法．
  ① $R_p=1/G$，$X_p=1/B$ に変換して，$R_p//X_p \Rightarrow R_s+X_s$ に並列直列変換します．
  ② $Z = \dfrac{1}{Y} = \dfrac{1}{(G \ominus jB)} = \dfrac{(G+jB)}{(G-jB)(G+jB)}$ よって，$R = \dfrac{G}{(G)^2+(B)^2}$　$X = \dfrac{\oplus jB}{(G)^2+(B)^2}$

  この②式から，変換するとBとXの項は，$-j$または$+j$の符号が反転するのがわかります．

　イミタンス・チャートで作図すると，これらの関係がより鮮明になります．
　GとR_p，BとX_pの関係は逆数です．イミタンス・チャート上では，同じ位置なので，S目盛りを読むか，Ω目盛りを読むかの違いです．
　第4章でもっと詳しく説明します．

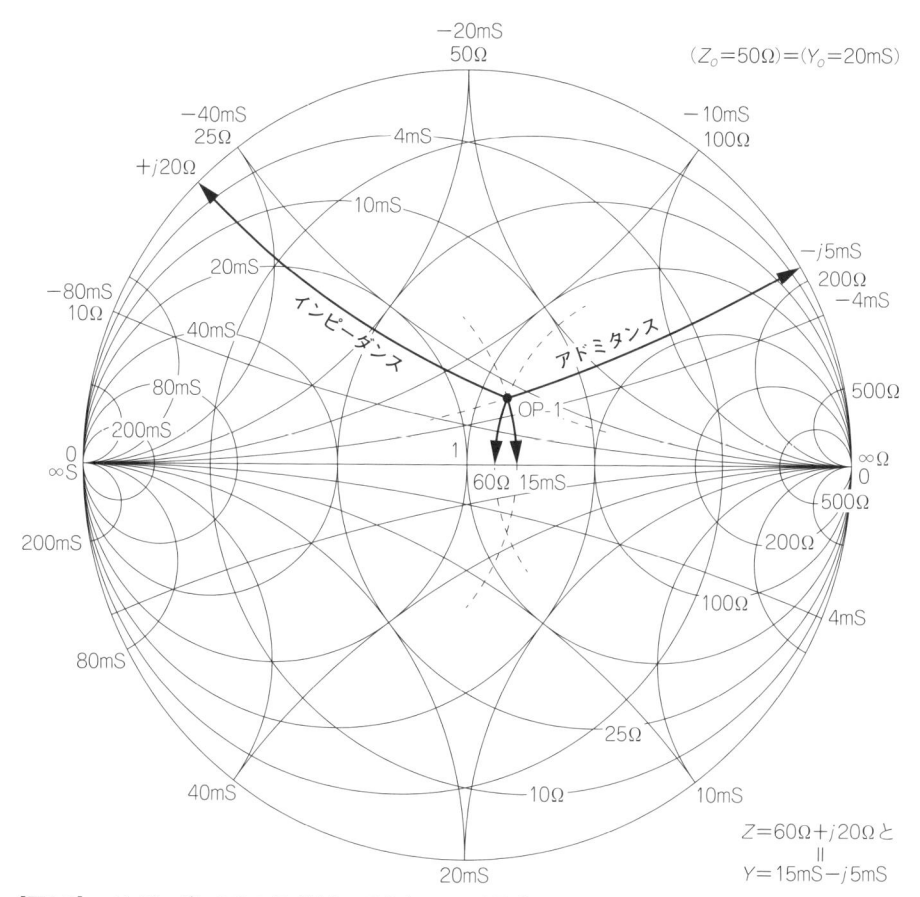

[図3-2] インピーダンスのΩ目盛りとアドミタンスのS目盛りは，180°回転している

〔例題を1件〕

　例えば，$R_s = 60\,\Omega$，$X_s = +j20\,\Omega$ は，$1/R_p = 0.015$，$1/X_p = 0.005$ です．

　B は，符号を反転しなければならないので，$G = 15\mathrm{mS}$，$B = -j5\mathrm{mS}$ になります（図3-2）．

　上記を筆算するのは大変です．

〔Excel用計算マクロ〕**本書付属CD-ROM内の計算マクロ**

　図3-3の左の表は，インピーダンス（$Z = R + jX$）⇔アドミタンス（$Y = G - jB$）の相互変換するExcel用関数計算マクロです．右の表は，直列と並列を相互変換する

3-3 インピーダンス（$Z = R + jX$）と，アドミタンス（$Y = G - jB$）の相互変換 | 049

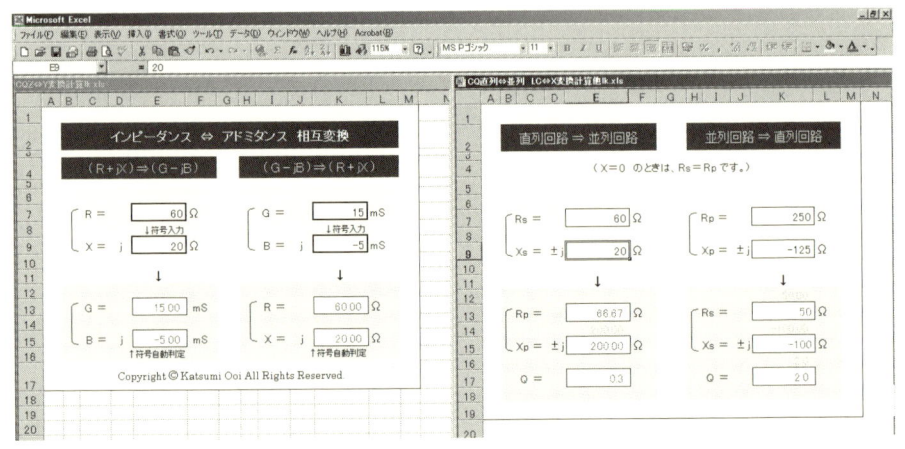

[図3-3] 直列回路⇔並列回路を相互変換するExcelの計算用関数

Excelの関数計算マクロです．
　このように二つのウィンドウを同時に表示して計算すると，相互関係が良く理解できます．
　右の表のR_pとX_pを逆数にすると，左の表のGとBになることがわかります．
　この「Excelの関数計算マクロ」を終了するときは，変更を保存しますか？　いいえ
で終了させます．「Excelの関数計算マクロ」の「セル」には数式が入っているので，誤って消去してしまわないように「読み取り専用」にしてあります．
　「セル」を「カーソル」でクリックすれば，数式が見える状態にしてあるので，参考にしてください．

第4章

直列回路⇔並列回路変換，直列共振回路と並列共振回路
～直列回路⇔並列回路変換が等価回路解析の基本～

❖

コンダクタンス(G)と並列抵抗(R_p)，サセプタンス(B)と並列リアクタンス(X_p)の関係，および3点以上の連続的なデータの重要性と考え方について，前後の章と重複するところがありますが，重要なので，もう一度説明します．

❖

4-1 直列回路⇔並列回路の相互変換

4-1-1 インピーダンスの考え方とアドミタンスの考え方

(1) インピーダンスの考え方

電気抵抗(Ω)は，直流にも交流にも共通した働きで，電流が流れると電力を消費します．

インピーダンス(Z)は，**抵抗(R)とリアクタンス(X)が直列回路を形成している状態を表すとき**の概念です．インピーダンス(Z)とリアクタンス(X)にも，単位としてΩを使用しますが，単純に電気抵抗のことではありません．**交流の流れにくさの単位**と考えてください．

$$Z(\Omega) = E(\mathrm{V})/I(\mathrm{A})$$

(2) アドミタンスの考え方

アドミタンス(Y)は，**抵抗(R)とリアクタンス(X)が並列回路を形成している状態**を表すインピーダンスの逆の概念です．アドミタンス(Y) = ($1/Z$)は，コンダクタンス(G)とサセプタンス(B)で表します．単位としてS(ジーメンス)を使用します．

これは，(1)の逆なので，**交流の流れやすさの単位**と考えてください．

$$Y(\mathrm{S}) = I(\mathrm{A})/E(\mathrm{V}) = 1/Z$$

4-1-2　直列回路⇔並列回路の相互変換
　　　（インピーダンス⇔アドミタンスの相互変換）

　上記の(1)インピーダンスは，直列回路の状態を表しており．(2)アドミタンスは並列回路の状態を表しています．この直列回路と並列回路は，相互に変換することができます．ちなみに，**高周波回路を等価回路解析する際に，この相互変換が必要になります．**

　図4-1に示した(ア)と(イ)の回路は，一見違う回路に見えます．ところが，図に示した定数をとった場合には，7.0MHzにおいて高周波回路としては，まったく等価な回路になります．

　同様に，**図4-2**に示した(ア)と(イ)も，7.0MHzにおいて等価な回路です．

　それでは，これらの(ア)と(イ)の回路を，インピーダンスとアドミタンスの状態を同時に見ることができるイミタンス・チャートで解析して，チャート上の位置と素子の動きを確認してみたいと思います．

(1) まず，**図4-1(ア)**の直列回路を(イ)の並列回路に，直列⇒並列変換する状態を，イミタンス・チャート上で解析(作図)します(**図4-3**)．

　(ア)は直列回路なので，インピーダンスで考えます($Z_o=50\,\Omega$)．

　イミタンス・チャートに作図するためには，インピーダンス値を正規化($1/Z_o$)し

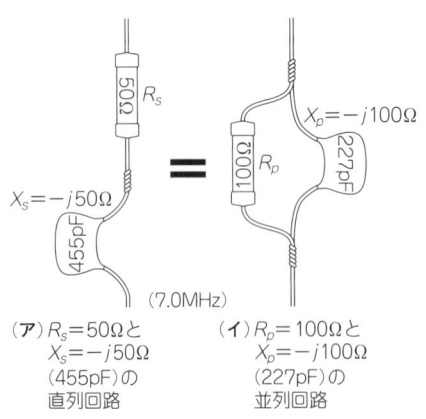

(ア) $R_S=50\,\Omega$ と
$X_S=-j50\,\Omega$
(455pF)の
直列回路

(イ) $R_P=100\,\Omega$ と
$X_P=-j100\,\Omega$
(227pF)の
並列回路

(ア) $R_S=20\,\Omega$ と
$X_S=+j10\,\Omega$
(0.227μH)の
直列回路

(イ) $R_P=25\,\Omega$ と
$X_P=+j50\,\Omega$
(1.14μH)の
並列回路

[図4-1]　(ア)は$R_S=50\,\Omega$と$X_S=-j50\,\Omega$(455pF)の直列回路．(イ)は$R_P=100\,\Omega$と$X_P=-j100\,\Omega$(227pF)の並列回路

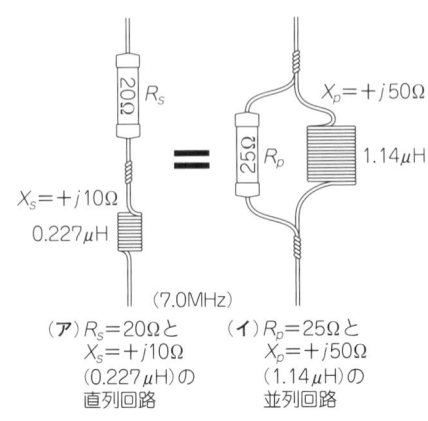

[図4-2]　(ア)は$R_S=20\,\Omega$と，$X_S=+j10\,\Omega$(0.227μH)の直列回路．(イ)は$R_P=25\,\Omega$と，$X_P=+j50\,\Omega$(1.14μH)の並列回路

ます．
①$R_S=50\Omega$ を正規化（$1/Z_o$）すると，$R_s/Z_o=50\Omega/50\Omega=1.0$ になります．
②$R_s=1.0$ の円を描きます．←チャート上の数値は正規化値です．
③同様に $X_S=-j50\Omega$ を正規化（$1/Z_o$）すると，$X_s/Z_o=-j50\Omega/50\Omega=-j1.0$ になります．
④$X_S=-j1.0$ の円弧を描きます．←チャート上の数値は正規化値です．
この R 円と X 円弧の交点（**A**）が，$Z=1.0-j1.0(\Omega)$ の点です．
この数値は正規化値なので，正規化とは逆の計算（$\times 50\Omega$）をして，元のインピーダンス値に戻すと，（**A**）点は，$Z_1=50\Omega-j50\Omega$ です．

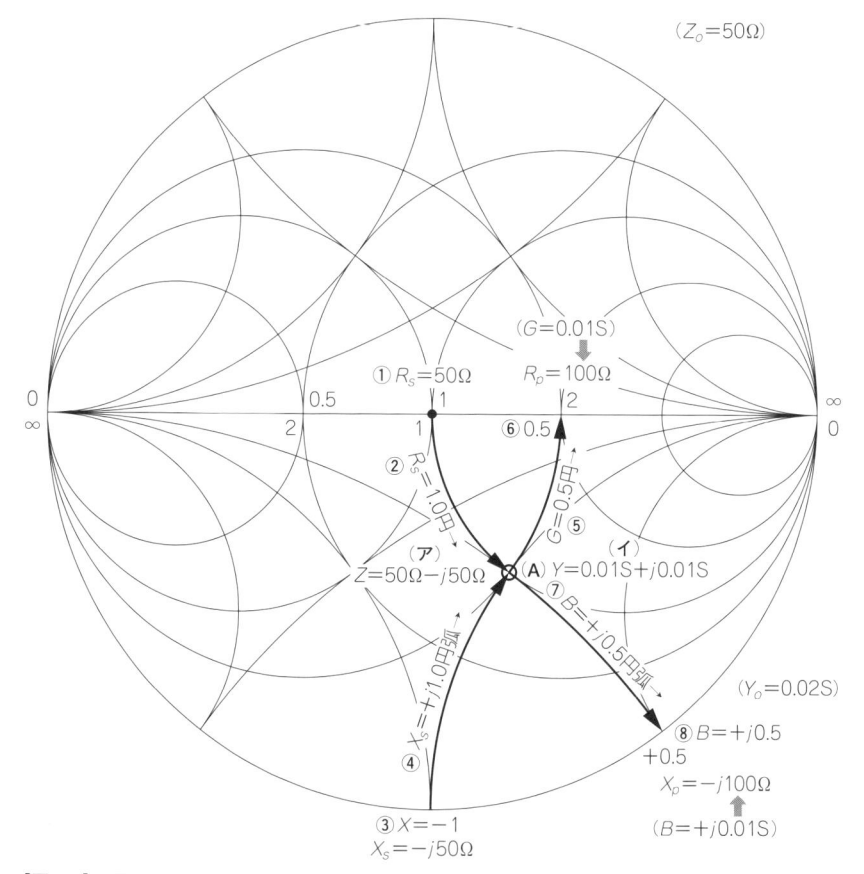

[図4-3]　図4-1の二つの回路をイミタンス・チャートで表現したもの

(イ)は並列回路なので，アドミタンスで考えます（$Y_o = 0.02S$）.

上記の交点(A)を通過するイミタンス・チャート上の G 円⑤と，$B = j0(\infty, 1, 0)$ 直線との交点の目盛りは，⑥ $G = 0.5$ です．←チャート上の数値は正規化値です．

同様に，交点①(A)を通過するイミタンス・チャート上の B 円弧⑦が外周円に接する点の目盛りは，⑧ $B = +j0.5$ です．←チャート上の数値は正規化値です．

これらの正規化値を（×0.02S）して，アドミタンス値に変換すれば，

$G = 0.5 \times 0.02S = 0.01S$ と $B = 0.5 \times 0.02S = 0.01S$

です．

すなわち，この交点(A)をアドミタンス(Y)で見ると，$Y_1 = 0.01S + j0.01S$ になります．

このアドミタンスの G と B を，並列抵抗(R_p)と並列リアクタンス(X_p)に変換します．

$R_p = 1/G$ と，$X_p = 1/B$

なので，$R_p = 1/G = 1/0.01S = 100\Omega$

同様に $X_p = 1/B = 1/\oplus j0.01S = \ominus j100\Omega$（$+j$(S)から $-j$(Ω)に符号が反転する）

この交点(A)が $R_p = 100\Omega$ と，$X_p = -j100\Omega$ の並列回路($R_p // X_p$)の位置になります（並列回路は $R_p // X_p$ で表す）．

以上から，(イ)の並列回路は，(ア)の直列回路を直列⇒並列変換したもということが，わかります．

(2) 次に，図 4-1 とは逆に，図 4-2 (イ)の並列回路を(ア)の直列回路に並列⇒直列変換した場合の状態を，イミタンス・チャート上に作図して解析してみます（図 4-4）．

(イ)は並列回路なので，アドミタンスで考えます（$Y_o = 0.02S$）.

この並列抵抗(R_p)と，並列リアクタンス(X_p)をアドミタンスの G と B に変換します．

並列抵抗 R_p は，コンダクタンス(G)の逆数で，並列リアクタンス X_p は，サセプタンス(B)の逆数です．つまり，

$G = 1/R_p = 1/25\Omega = 0.04S$，$B = 1/X_p = 1/\oplus j50\Omega = \ominus j0.02S$

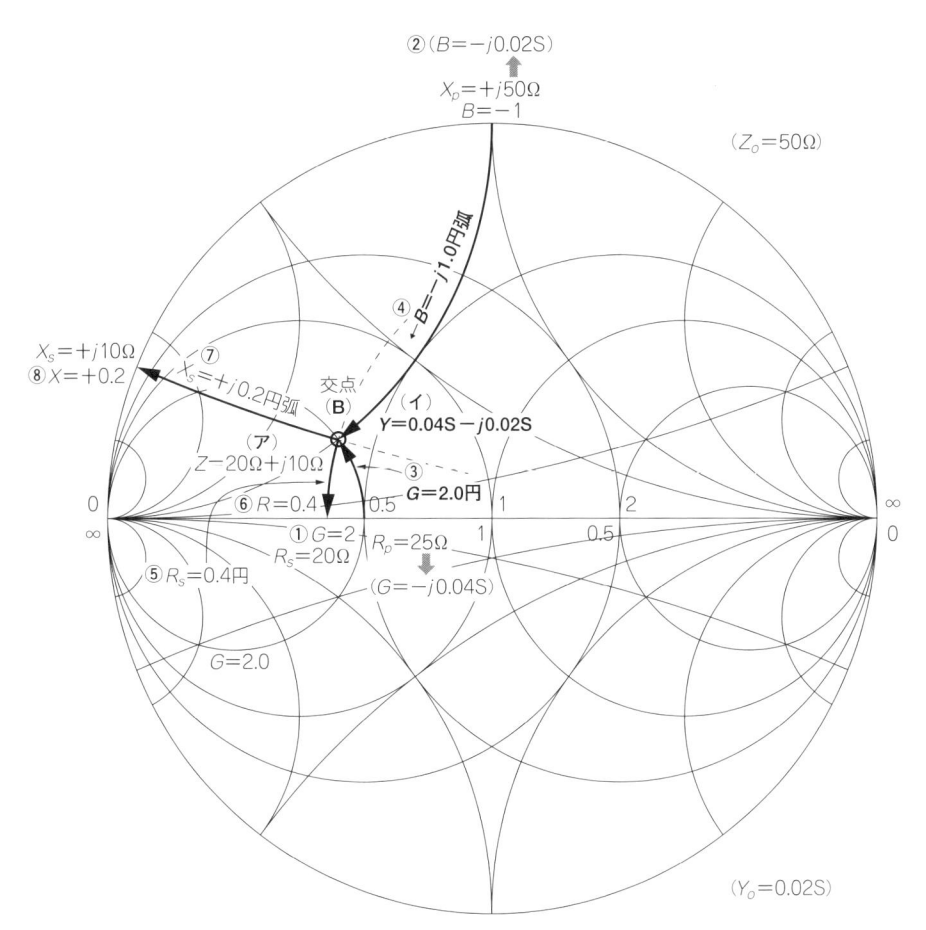

[図4-4] 図4-2の二つの回路をイミタンス・チャート上で表現したもの

となります（$+j(\Omega)$から$-j(S)$に符号が反転する）．

イミタンス・チャート上に作図するためには，アドミタンス値を正規化（$1/Y_o$）しなければなりません．

$G/Y_o=0.04S/0.02S=2.0$①と，$B/Y_o=-j0.02S/0.02S=-j1.0$②です．

$G=2.0$の円③を描きます．次に$B=-j1.0$の円弧④を描きます．

このG円とB円弧の交点（B）が，$R_p=25\Omega$と$X_p=+j50\Omega$の並列回路（$R_p//X_p$）の位置になります．すなわち，アドミタンスで見ると，$Y_2=0.04S-j0.02S$の点になります．

（ア）は直列回路なので，インピーダンスで考えます（$Z_o=50\Omega$）．

4-1 直列回路⇔並列回路の相互変換 | 055

上記，（B）の点を通過するイミタンス・チャート上のR円⑤と，$X=\pm j0(0,1,\infty)$直線との交点の目盛りは，⑥$R=0.4$です（チャート上の数値は正規化値）．

　同様に，（B）の点を通過するイミタンス・チャート上のX円弧⑦が外周円に接する点の目盛りは，$X=+j0.2$⑧です（チャート上の数値は正規化値）．

　これらの正規化値を×50Ωして，インピーダンス値に変換すれば，$R=0.4\times50\Omega=20\Omega$と$X=+j0.2\times50\Omega=+j10\Omega$です．

　すなわち，この（B）の点をインピーダンス（Z）で見ると，$Z_2=20\Omega+j10\Omega$になります．

　したがって，（ア）の直列回路は，（イ）の並列回路を並列⇒直列変換したものだということがわかります．

　このようにイミタンス・チャート上で解析すれば一目瞭然です．

　図4-3（ア）と，図4-3（イ）および，図4-4（ア）と図4-4（イ）は，それぞれ同じ位置なので，まったく同じ高周波特性を持ちます．つまり，高周波的に図4-3と図4-4の（ア）と（イ）は，それぞれ等価な回路です．

　（ア）と（イ）が等価な回路になるためには，注意しなければならないことがあります．それは，インピーダンスのX_sとアドミタンスの$B(=1/X_p)$の値は，計算する式の中に，（$\omega=2\pi f$）が入るので，周波数が変われば値が変化します．

　（ア）と（イ）が等価な回路になるためには，当然，（ア）と（イ）は同じ周波数でなければなりません．

　また，インピーダンスの直列⇔並列変換は，下記の式でも計算できます．式を見ればわかるように，（ア）と（イ）が等価な回路になるための条件は，コイルのインダクタンス値やコンデンサのキャパシタンス値で決まるのではなくて，コイルやコンデンサのリアクタンスのX_sとX_pの値や，サセプタンスのBの値で決まります．

　正規化については，「第2章2-3-2　スミス・チャートの目盛りは正規化された値」を読み返してください．

　$Y_o=0.02$Sは，特性アドミタンスです．特性インピーダンス，$Z_o=50\Omega$の逆数なので，$Y_o=1/Z_o=1/50\Omega=0.02$Sです．

　なお，インピーダンスの直列⇔並列変換は，次の式でも計算できます．

〔Excel用計算マクロ〕本書付属CD-ROMに収録した計算マクロ

$$R_s=\frac{R_p X_p^2}{R_p^2+X_p^2} \qquad R_p=\frac{R_s^2+X_s^2}{R_s}$$

$$X_s = \frac{R_p{}^2 X_p}{R_p{}^2 + X_p{}^2} \qquad X_p = \frac{R_s{}^2 + X_s{}^2}{X_s}$$

> ※インピーダンスの直列⇔並列変換は，RとXの組み合わせ時に有効です．RとR，XとXの組み合わせ時には，そのままで加・減算ができるので変換は不用です．

4-1-3 コンデンサとコイルの直列回路と並列回路
(1) 回路の Q について
　短波帯以下では，コンデンサの場合，損失係数(D)をほとんど無視できますが，コイルの場合には，コイル内の抵抗成分は無視できません．なお，損失係数(D)は，(Q)の逆数です．

　図4-5は，あるコイルの等価回路を示しています．コイルはR_S(直列抵抗)とX_S(直列リアクタンス)に分解できます．厳密にはコイルの線間容量等を考慮する場合もありますが，ここでは省きます．

　コイルの(Q)は，**周波数**とコイルの線材やコイルの形状により変動します．
　コイルの(Q)は，コイルの良さを表す単位と考えてください．
　①直列回路なので，(Q) = $+j100\,\Omega / 1\,\Omega = 100$です．
　　　　　　　　　(D) = $1/Q = 0.01$になります．
　②並列回路では，(Q) = $10.001\,\mathrm{k}\Omega / +j100.01\,\Omega = 100$です．
　①と②は同じものなので，同じ値になります．

(2) 上記のコイルとコンデンサの直列共振回路と並列共振回路を考える
　上記コイルのインダクタンス値は，$2.2736\,\mu\mathrm{H}\,(+j100\,\Omega)$です．このコイルと

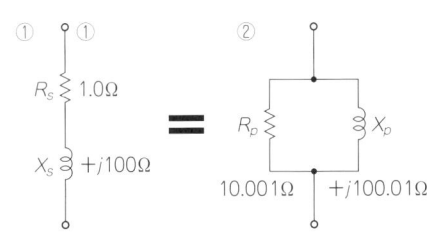

[図4-5] コイルの等価回路は①または②になる．
①と②はある周波数で等価な回路になる

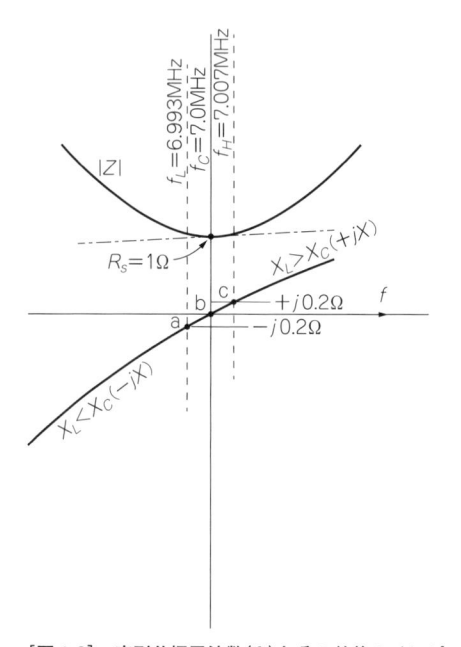

[図4-6] 直列共振周波数(f_C)とその前後のインピーダンス特性

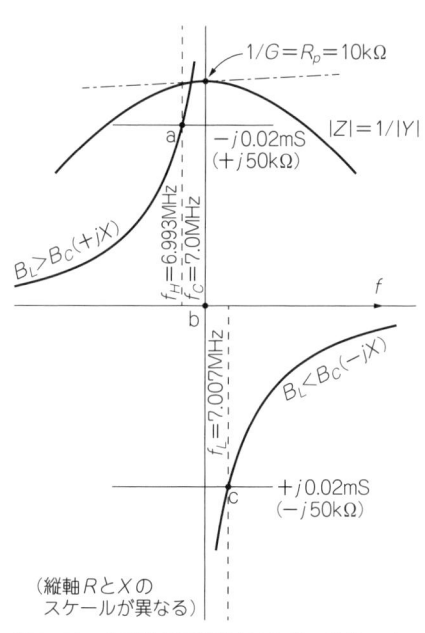

[図4-7] 並列共振周波数(f_C)とその前後のインピーダンス特性(図4-11参照．縦軸のスケールが異なる)

7.0MHzに共振するコンデンサのキャパシタンス値は，227.36pF($-j100\Omega$)です．

図4-6は，コイル2.2736μH($+j100\Omega$)と，コンデンサ227.36pF($-j100\Omega$)の直列回路が，7.0MHzに共振した状態をイメージ図で表しています．

リアクタンスの項は，

$$X_L + X_C = (+j100\Omega) + (-j100\Omega) = \pm j0\Omega \quad \text{式(4-1)}$$

です．

直列回路なので，インピーダンスとしては，R_Sだけが残ったように見えます．

図4-7は，コイル2.2736μH($+j100\Omega$)とコンデンサ227.36pF($-j100\Omega$)の並列回路が，7.0MHzに共振した状態をイメージ図で表しています．

サセプタンスの項は，

$B_L = 1/⊕j100\,\Omega = ⊖j0.01\mathrm{S}$, $B_C = 1/⊖j100\,\Omega = ⊕j0.01\mathrm{S}$ です（±符号が反転する）．

$$B_L + B_C = (-j0.01\mathrm{S}) + (+j0.01\mathrm{S}) = j0\mathrm{S} \quad \cdots\cdots\cdots\cdots\cdots\cdots\cdots\cdots\cdots 式(4\text{-}2)$$
（RF電流が流れない状態）

並列回路なので，アドミタンスとしては，Gだけが残ったように見えます．これをインピーダンス的な考え方で表示すれば，リアクタンスの項目は，

$$\cfrac{1}{\cfrac{1}{+j100\,\Omega} + \cfrac{1}{-j100\,\Omega}} = \cfrac{1}{\pm j0\,\Omega} = \pm j\infty\,\Omega \quad \cdots\cdots\cdots\cdots\cdots\cdots 式(4\text{-}3)$$
（RF電流が流れない状態）

となります．並列回路なので，インピーダンスとしては，R_Pだけが残ったように見えます．

リアクタンス分が$\pm j\infty\,\Omega$ということは，サセプタンス分でいえば，$\mp j0\mathrm{S}$です．

※インピーダンスで考えた式(4-3)より，アドミタンスで考えた式(4-2)のほうが，明らかに計算が簡単です．つまり，アドミタンスで計算することに慣れたほうがメリットが多いということです．式(4-1)と式(4-2)は加・減算で0になります．式(4-3)は，逆数なので，加・減算なのに，∞になります．

※ほとんど場合，アンテナ整合は，アドミタンスで考えれば容易に解析できます．

4-2　共振周波数とその少し低い・高い周波数の3点を同時に考える

4-2-1　集中分布定数回路の場合（*LC*の共振回路）
(1) 直列共振回路の場合は，インピーダンスで考える

f_Lでは，R_Sと巨大C_Sに，f_CではR_Sだけに，f_Hでは，R_Sと微小L_Sに見えます．

$L_S = 2.2736\,\mu\mathrm{H}$, $R_S = 1\,\Omega$, $C_S = 227.36\,\mathrm{pF}$, *LC*直列共振周波数 $= 7.000\,\mathrm{MHz}$

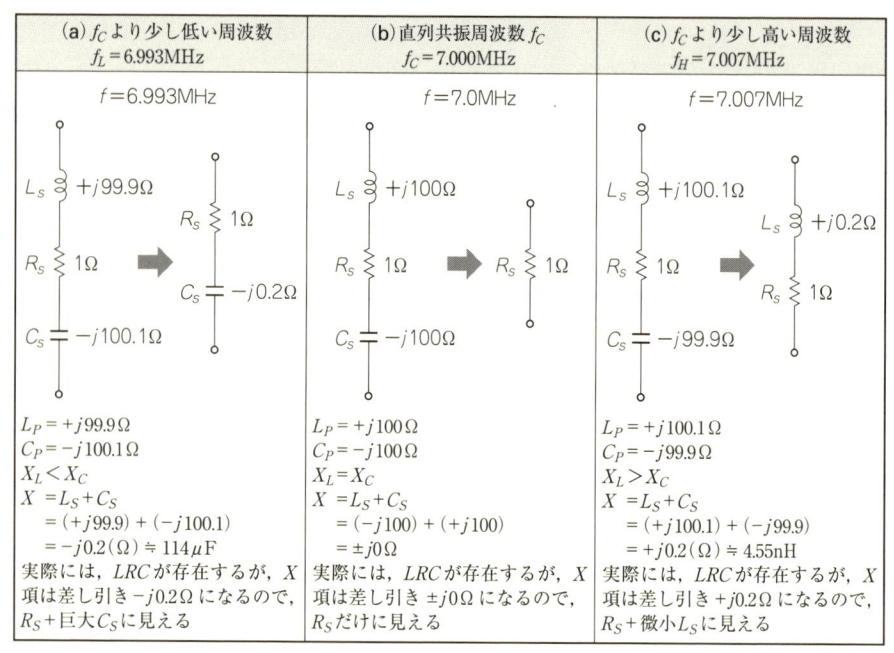

(a) f_Cより少し低い周波数 $f_L = 6.993\text{MHz}$	(b) 直列共振周波数 f_C $f_C = 7.000\text{MHz}$	(c) f_Cより少し高い周波数 $f_H = 7.007\text{MHz}$
$f = 6.993\text{MHz}$ $L_S\ +j99.9\Omega$ $R_S\ 1\Omega$ $C_S\ -j100.1\Omega$ → $R_S\ 1\Omega$, $C_S\ -j0.2\Omega$	$f = 7.0\text{MHz}$ $L_S\ +j100\Omega$ $R_S\ 1\Omega$ $C_S\ -j100\Omega$ → $R_S\ 1\Omega$	$f = 7.007\text{MHz}$ $L_S\ +j100.1\Omega$ $R_S\ 1\Omega$ $C_S\ -j99.9\Omega$ → $L_S\ +j0.2\Omega$, $R_S\ 1\Omega$
$L_P = +j99.9\Omega$ $C_P = -j100.1\Omega$ $X_L < X_C$ $X = L_S + C_S$ $\quad = (+j99.9) + (-j100.1)$ $\quad = -j0.2(\Omega) \approx 114\mu\text{F}$ 実際には,LRCが存在するが,X項は差し引き$-j0.2\Omega$になるので,R_S+巨大C_Sに見える	$L_P = +j100\Omega$ $C_P = -j100\Omega$ $X_L = X_C$ $X = L_S + C_S$ $\quad = (-j100) + (+j100)$ $\quad = \pm j0\Omega$ 実際には,LRCが存在するが,X項は差し引き$\pm j0\Omega$になるので,R_Sだけに見える	$L_P = +j100.1\Omega$ $C_P = -j99.9\Omega$ $X_L > X_C$ $X = L_S + C_S$ $\quad = (+j100.1) + (-j99.9)$ $\quad = +j0.2(\Omega) \approx 4.55\text{nH}$ 実際には,LRCが存在するが,X項は差し引き$+j0.2\Omega$になるので,R_S+微小L_Sに見える

[図4-8] 図4-6の連続する三つの周波数の等価回路図と各項のそれぞれの値

(2) 並列共振回路の場合は,アドミタンスで考える

f_LではR_Pと巨大LPに,f_CではR_Pだけに,f_HではR_Pと微小C_Pに見えます.

$L_P = 2.2736\mu\text{H}$,$R_P = 10\text{k}\Omega$,$C_P = 227.36\text{pF}$,LC並列共振周波数 $= 7.000\text{MHz}$

4-2-2 分布定数回路の場合(伝送線路の共振回路)
(1) $\lambda/4$同軸ケーブルのRF特性は,次のようになる

分布定数回路も集中定数回路とまったく同じ状態になります.
オープン・スタブは,$|Z|$とR_Sの値が異なりますが,直列共振回路(図4-6)と同形のグラフになります.同様に,ショート・スタブは,$|Z|$とR_Pの値が異なりますが,並列共振回路(図4-7)と同形のグラフになります.同形のグラフということは,目盛りのスケールを変えれば,同じ傾向のグラフになるという意味です.
図4-10(イ)は,$\lambda/4$ショート・スタブの一般的なイメージです.
図4-10(ロ)は,$\lambda/4$ショート・スタブの損失係数を考慮した等価回路です.

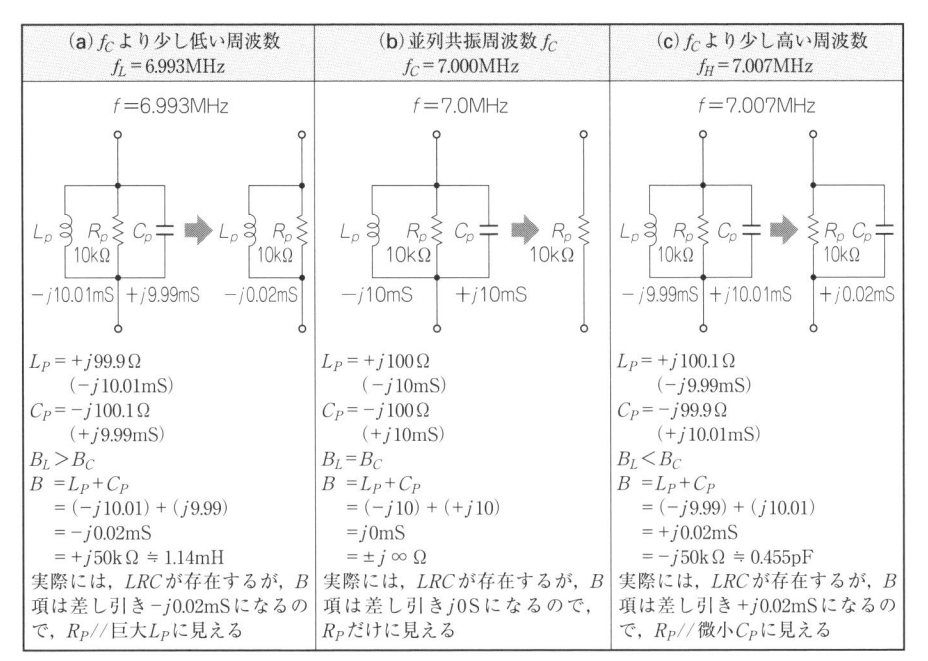

(a) f_C より少し低い周波数 $f_L = 6.993\mathrm{MHz}$	(b) 並列共振周波数 f_C $f_C = 7.000\mathrm{MHz}$	(c) f_C より少し高い周波数 $f_H = 7.007\mathrm{MHz}$
$f = 6.993\mathrm{MHz}$	$f = 7.0\mathrm{MHz}$	$f = 7.007\mathrm{MHz}$
L_P R_P C_P ⇒ L_P R_P 10kΩ 10kΩ $-j10.01$mS $+j9.99$mS $-j0.02$mS	L_P R_P C_P ⇒ R_P 10kΩ 10kΩ $-j10$mS $+j10$mS	L_P R_P C_P ⇒ R_P C_P 10kΩ 10kΩ $-j9.99$mS $+j10.01$mS $+j0.02$mS
$L_P = +j99.9\,\Omega$ 　$(-j10.01\mathrm{mS})$ $C_P = -j100.1\,\Omega$ 　$(+j9.99\mathrm{mS})$ $B_L > B_C$ $B = L_P + C_P$ 　$= (-j10.01) + (j9.99)$ 　$= +j0.02\mathrm{mS}$ 　$= +j50\mathrm{k}\Omega \fallingdotseq 1.14\mathrm{mH}$ 実際には，LRC が存在するが，B 項は差し引き $-j0.02\mathrm{mS}$ になるので，R_P//巨大 L_P に見える	$L_P = +j100\,\Omega$ 　$(-j10\mathrm{mS})$ $C_P = -j100\,\Omega$ 　$(+j10\mathrm{mS})$ $B_L = B_C$ $B = L_P + C_P$ 　$= (-j10) + (+j10)$ 　$= j0\mathrm{mS}$ 　$= \pm j\,\infty\,\Omega$ 実際には，LRC が存在するが，B 項は差し引き $j0\mathrm{S}$ になるので，R_P だけに見える	$L_P = +j100.1\,\Omega$ 　$(-j9.99\mathrm{mS})$ $C_P = -j99.9\,\Omega$ 　$(+j10.01\mathrm{mS})$ $B_L < B_C$ $B = L_P + C_P$ 　$= (-j9.99) + (j10.01)$ 　$= +j0.02\mathrm{mS}$ 　$= -j50\mathrm{k}\Omega \fallingdotseq 0.455\mathrm{pF}$ 実際には，LRC が存在するが，B 項は差し引き $+j0.02\mathrm{mS}$ になるので，R_P//微小 C_P に見える

[図 4-9]　図 4-7 の連続する三つの周波数の等価回路図と各項のそれぞれの値

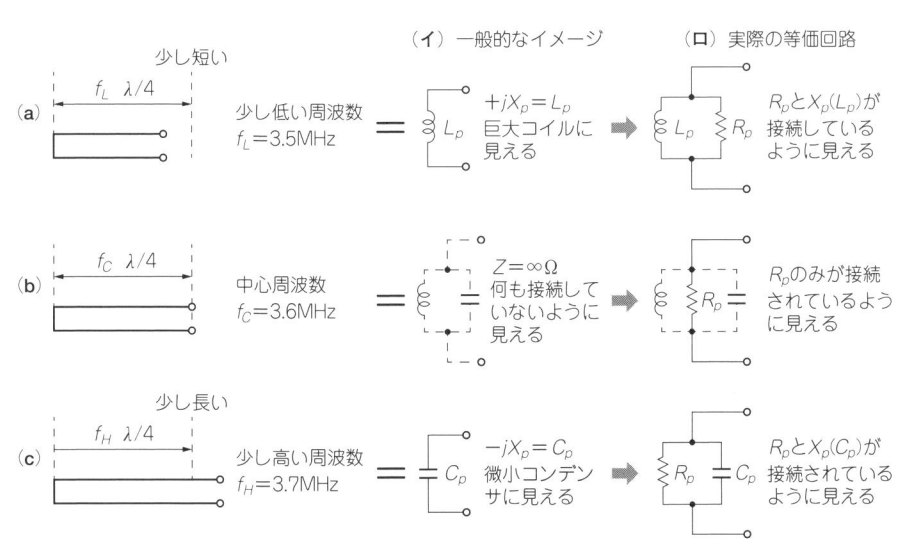

(a) 少し短い f_L $\lambda/4$　少し低い周波数 $f_L = 3.5\mathrm{MHz}$　(イ) 一般的なイメージ　$+jX_P = L_P$ 巨大コイルに見える　(ロ) 実際の等価回路　L_P R_P　R_P と $X_P(L_P)$ が接続しているように見える

(b) f_C $\lambda/4$　中心周波数 $f_C = 3.6\mathrm{MHz}$　$Z = \infty\,\Omega$ 何も接続していないように見える　R_P　R_P のみが接続されているように見える

(c) 少し長い f_H $\lambda/4$　少し高い周波数 $f_H = 3.7\mathrm{MHz}$　$-jX_P = C_P$ 微小コンデンサに見える　R_P C_P　R_P と $X_P(C_P)$ が接続されているように見える

[図 4-10]　$\lambda/4$ ショート・スタブと共振周波数との関係（周波数を 3.6MHz とした場合）

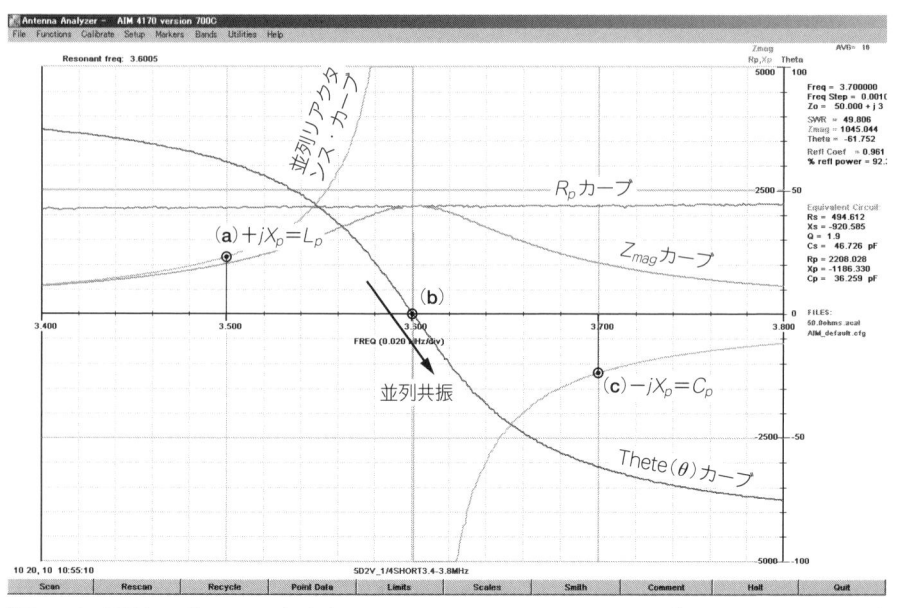

[図4-11] 同軸ケーブル5D-2Vをバズーカ・アンテナ用のλ/4ショート・スタブにしたときの3.6MHz帯のインピーダンス特性．AIM-4170での実測値

　このように，λ/4ショート・スタブは，共振周波数と，その少し高い・低い周波数では，図4-11のような特性になります．この特性により，ダブル・バズーカ・アンテナのスタブ（バズーカ）部は，アンテナ給電部に対して周波数をパラメータとした（すなわち，f_LではX_{LP}とR_Pが，f_CではR_Pだけが，f_HではX_{CP}とR_Pが給電部に並列に接続された状態になり），自動マッチング素子として働くので，SWR特性が大幅に改善されると説明できます．

(2) λ/4同軸ケーブルの場合のR_S（またはR_P）とは何でしょうか？

　これらは，ある周波数で見たときの同軸ケーブルに存在するインダクタンスの抵抗損失分と，キャパシタンスの絶縁物の誘電体による損失分の総和です．

　R_S（またはR_P）の値は，同軸ケーブルそれぞれの固有の値なので，測定しないとわかりません．もちろん，テスタの直流抵抗レンジで測れる抵抗分ではありません．

　約33m長の同軸ケーブル5D-2Vのインピーダンス特性を測定すると，図4-12のようになります．このように周波数が高くなると，損失が増えて，軌跡が段々と内側にシフトしてきます（図9-2，図9-3も参照のこと）．

[図4-12]
約33m長の同軸ケーブル5D-2Vのインピーダンス特性（AIM-4170で実測）

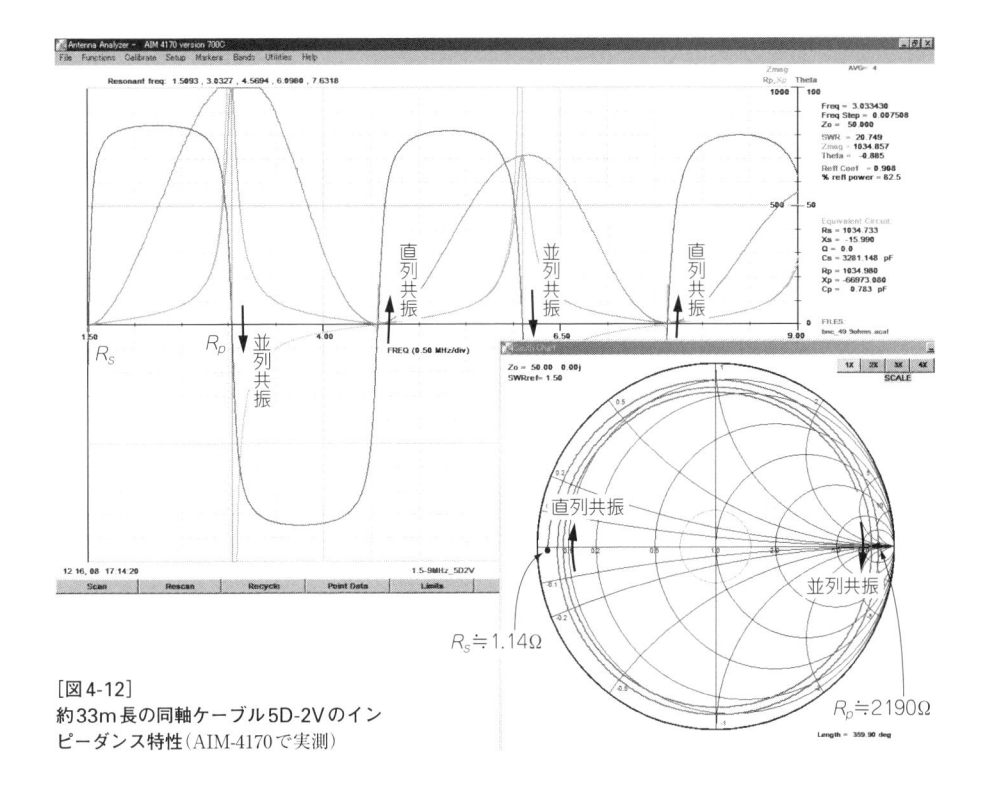

　この同軸ケーブル5D-2Vを，①λ/4のショート・スタブ，②50Ωで終端した場合，および，③λ/4のオープン・スタブにしたときの特性は，**図4-13**のようになります．
- 上の①と③の場合は，同軸ケーブルの形をした共振回路として動作しています．①は並列共振で，$R_P ≒ 2190Ω$，②は$(Z_0) = 50Ω$，および③は直列共振で$R_S ≒ 1.14Ω$です．これらの関係は，次式で表されます．

$$(Z_0) = \sqrt{R_S \times R_P} \quad \cdots\cdots 式(4\text{-}4)$$

見覚えのある式になります．
これは，λ/4の同軸ケーブルで整合をとる「Qマッチング」の式と同じです．式(4-4)に①と③を代入すると，②になります．
それぞれ共振状態なので，①は，X_P＝最大，③は，X_S＝最小になります．ただし，注意点として，厳密には，無限大の∞Ωと，ショート状態の0Ωではありません．

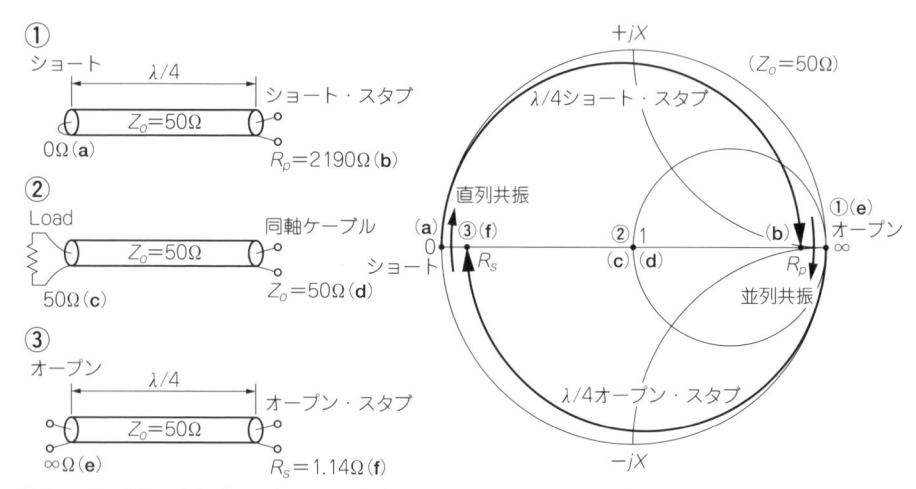

[図 4-13] 共振周波数 f(MHz) を $300/\lambda$(m) にしたときに，各同軸ケーブルの左端(0λ)から右端($\lambda/4$)までの位置に対する①ショート・スタブ，②ロード＋同軸ケーブル，③オープン・スタブの三つの状態のインピーダンス特性を，スミス・チャートで見た図

- ②は，理想的な給電用ケーブルとして動作するので，ケーブルの特性インピーダンス(Z_0)＝R_S＝R_P＝$50\,\Omega$(d)になります．このとき，$X_S = \pm j0\,\Omega\,(X_P = \pm j\infty\,\Omega)$です．

4-3　直列共振回路と並列共振回路の特徴

　一般的なイメージとしては，RF電圧は，並列共振回路では高くなり，直列共振回路では低くなると思えます．しかし，回路素子のコイルとコンデンサが同じ定数のとき，それぞれのRF電圧とRF電流は，直列と並列のどちらも同じになります．

(1) LC直列共振回路は，共振周波数(f_c)ではインピーダンス(Z_S)が最小になる(図4-14)

　実際には，インピーダンス(Z_S)は，LC直列共振回路に含まれるR_S(等価直列抵抗)の値になります．先ほどのp.58の図4-6で，LC直列共振回路が7.0MHzに共振した位置，つまりインピーダンスが最少になった位置で，$Z_S = R_S$になります．
　このLC直列共振回路に，電力P(W)が供給されたとき，L_SとC_SとR_Sは**直列**なので，各素子に流れる電流は同じです．

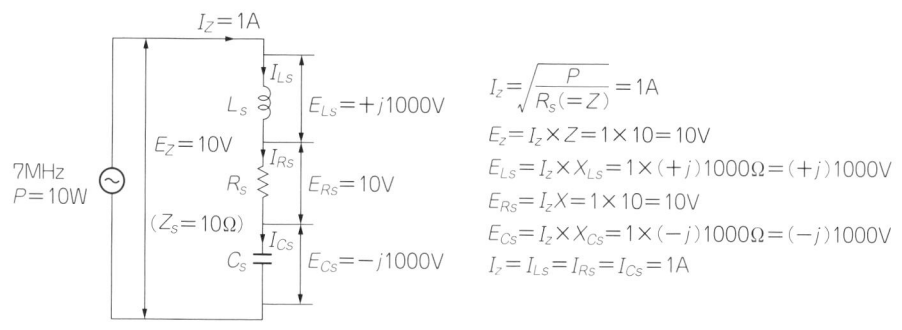

```
                    I_Z = 1A
                  ┌──────→──────┐
                  │        I_Ls │
                  │   L_s  ↓    │ E_Ls = +j1000V
                  │             │
     7MHz         │ E_Z=10V I_Rs│
     P=10W    (~) │   R_s   ↓   │ E_Rs = 10V
                  │ (Z_s=10Ω)   │
                  │        I_Cs │
                  │   C_s   ↓   │ E_Cs = -j1000V
                  └─────────────┘
```

$I_z = \sqrt{\dfrac{P}{R_s(=Z)}} = 1A$

$E_Z = I_z \times Z = 1 \times 10 = 10V$

$E_{Ls} = I_z \times X_{Ls} = 1 \times (+j)1000Ω = (+j)1000V$

$E_{Rs} = I_z \times X = 1 \times 10 = 10V$

$E_{Cs} = I_z \times X_{Cs} = 1 \times (-j)1000Ω = (-j)1000V$

$I_z = I_{Ls} = I_{Rs} = I_{Cs} = 1A$

[図4-14] 直列共振回路の電圧と電流

$$I(A) = \sqrt{\dfrac{P(W)}{R_S(Ω)}}$$

図4-14のコイルとコンデンサの両端に発生する RF 電圧は，次の式で表されます．

$$E_{LS}(V) = \sqrt{\dfrac{P(W)}{R_S(Ω)}} \times X_{LS}(Ω) \quad \cdots\cdots 式(4\text{-}5)$$

※コイルの両端に発生する RF 電圧

$$E_{CS}(V) = \sqrt{\dfrac{P(W)}{R_S(Ω)}} \times X_{CS}(Ω) \quad \cdots\cdots 式(4\text{-}6)$$

※コンデンサの両端に発生する RF 電圧

となります．実際には，コイルとコンデンサに，それぞれ**RF電圧が存在**します．ベクトル図でいえば，式(4-5)は＋方向，式(4-6)は－方向の反対方向の RF 電圧です．これらは，互いに打ち消すことになるので，端子間は，R_S の電圧＝$E_{RS}(V)$ だけがあるように見えます．

(2) LC並列共振回路は，共振周波数(f_c)ではインピーダンス(Z_P)が最大になる(図4-15)

実際には，インピーダンス(Z_P)は，LC並列共振回路に含まれる R_P(等価並列抵抗)の値と同じになります．p.58の図4-7で，LC並列共振回路が7.0MHzに共振し

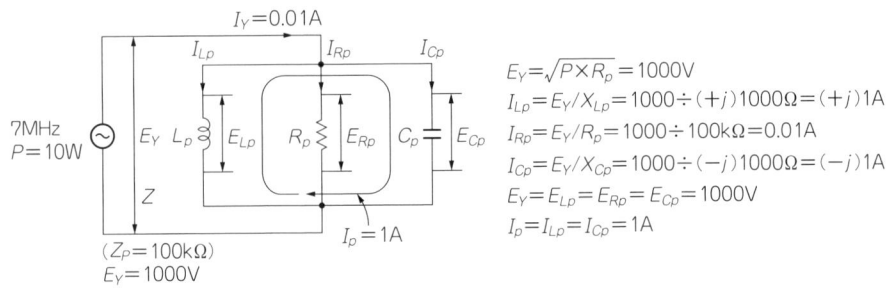

[図4-15] 並列共振回路の電圧と電流

た位置，つまりインピーダンスが最大になった位置で，$Z_P = R_P$ になります．
　この LC 並列共振回路に電力 $P(\mathrm{W})$ が供給されると，端子間に発生する RF 電圧は，

$$E_{RP}(\mathrm{V}) = \sqrt{P(\mathrm{W}) \times R_P(\Omega)}$$

です．
　イメージとしては，コイルとコンデンサに高い RF 電圧が発生しているように思えます．しかし，図 4-15 に示した共振回路は並列回路なので，L_P と C_P 各素子の両端の RF 電圧は，R_P の両端の電圧と同じです．
　このように，LC 直列共振回路も LC 並列共振回路も，同じコイルと同じコンデンサの組み合わせで，供給する電力が同じであれば，コイルとコンデンサの RF 電圧と RF 電流は同じになります．
　各コイルと各コンデンサに流れる RF 電流は，次の式で表されます．

$$E_{LS}(\mathrm{V}) = E_{CS}(\mathrm{V}) = E_{LP}(\mathrm{V}) = E_{CP}(\mathrm{V}) = E_{RP}(\mathrm{V})$$

です．同様に，コンデンサに流れる RF 電流は，次の式で表されます．

$$I_{LS}(\mathrm{A}) = I_{CS}(\mathrm{A}) = I_{LP}(\mathrm{A}) = I_{CP}(\mathrm{A})$$

　もしこれが電力回路の場合であれば，使用するコイルとコンデンサの耐電圧と耐電流は同じでなければなりません．

パソコンでスッキリ！電波とアンテナとマッチング

第5章

スミス・チャート上の動きを体験する
~スミス・チャートは，高周波回路素子の連続的な変化量を図面上で解析できる~

❖

　この章では，素子の軌跡を「L，C，Rの値を可変した場合」と「周波数を可変した場合」とに分けて説明します．
　同じ値のコイルやコンデンサでも，回路に直列に接続されている場合と並列に接続されている場合とでは，チャート上の動きも実際の動作もまったく違います．
　本書付属CD-ROMに収録した**Quick Smith**を起動して，各素子の動きを目で見て感覚的に体験してください．

❖

> 最初は，スミス（インピーダンス）・チャート上で，直列のコイルやコンデンサなど素子の軌跡を見ましょう．

5-1　スミス・チャート上において，L，C，Rの値を可変した場合

　周波数は固定したままで，L，C，Rの値を小⇔大に可変したとき，スミス・チャート上で，それぞれの軌跡をQuick Smithを使ってシミュレーションします．

(1) 誘導性リアクタンス（$+jX$）
直列コイル＝L_S（シリーズ・インダクタ）の軌跡
　コイル（L）のインダクタンス（H）の値が大きくなると，比例して誘導性リアクタンス（$+jX$）が大きくなります．このとき（L_S）の軌跡は，定抵抗円に沿って右回り（時計回り）オープン（$+j\infty\Omega$）方向に進むので，高周波電流は流れにくくなります．
　直列コイル＝L_Sの誘導性リアクタンス（$+jX$）は，次の式で表します．

$$X_L = \omega_L = 2\pi f L \cdots\cdots 値は，インダクタンスに比例します．$$

① Quick Smithを起動します．
② 右ウィンドウの Schematic 画面をクリックしてアクティブにします．
左上メニューの Assign Values をクリックするとタグが下がります．一番上の Frequency をクリックすると，別ウィンドウで Enter Frequency in MHz 画面が現われるので，周波数 7.1 を入力して， OK をクリックします．直ぐ上のFreq〔MHz〕に 7.100 と表示されます．
③ Schematic 画面内の下段に横一列に gam R ohms X ohms C pf L nh …と記号が並んでいるのでコイル記号の L nh をドラックして，画面中段にある回路図のW2の下にある 白い空白部にある横線の上 にドロップします．

> ✎ ドラッグ＆ドロップとは？
> ドラッグ　マウスの左クリック(コピー)したままで画面上を目的の位置までスライドさせます．
> ドロップ　目的の位置でクリックを(貼り付け)離します．

④ 別ウィンドウが現われるので， 1000 を入力して OK をクリックします．
回路図にL_sが描かれ，W2がL2 1000.000 に変更されます．
⑤ L2 1000.000 の右にある▲▼をクリックすると，数値が変わり，左ウィンドウのスミス・チャート内の青い点がr(レジスタンス)＝1円に沿って移動します．
⑥ 移動量が少ないときは，L2 1000.000 の数値をクリックすると，別ウィンドウ〔Enter Step Size〕が現われるので，例えば 100 を入力して OK をクリックします．
この状態で▲▼をクリックすると，100nH Stepで変化します．インダクタンスの数値に対するスミス・チャート上の動きが目で確認できます．
⑦ 最初，右ウィンドウの Schematic 画面をクリックしてアクティブにします．左上メニューの Sweep Setup のElement 2をクリックすると，別ウィンドウが表示されるので，Start 200 ，Stop 4000 ，Step 50 を設定します．次に，左ウィンドウをアクティブにして Generate Sweep させると，図5-1の画像が得られます．

- 素子を変更したいときは，新しい素子を上に被せて数値を入力すればOKです．
- 素子を消したいときは， Null を上に被せます．

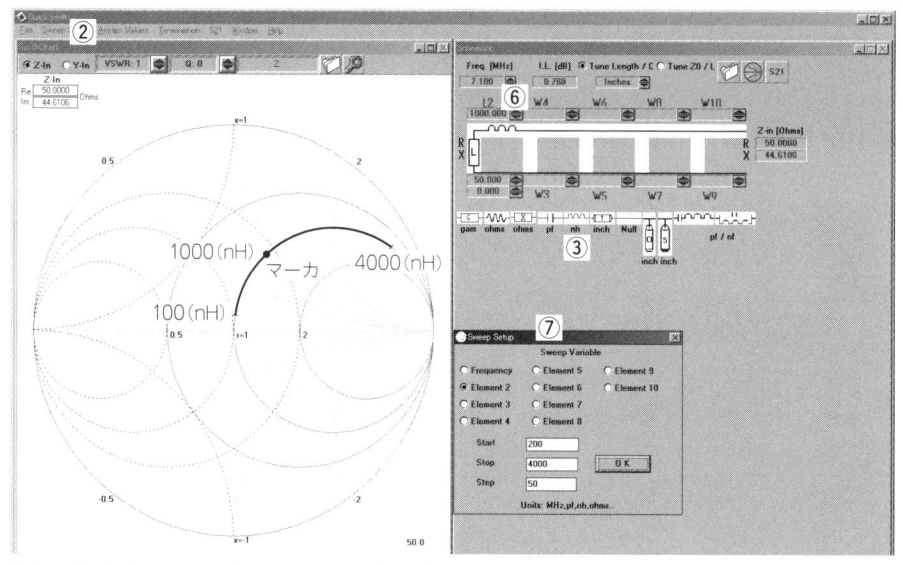

[図5-1]　直列コイル=L_S(シリーズ・インダクタ)の値を100〜4000(nH)間，Quick Smithで可変したときの軌跡図．マーカは，L_S=1000nHの位置にある

(2) 容量性リアクタンス(-jX)
直列コンデンサ=C_S(シリーズ・キャパシタ)の軌跡

コンデンサ(C)のキャパシタンス(F)の値が小さくなると，反比例して容量性リアクタンス(-jX)が大きくなります．このとき(C_S)の軌跡は，定抵抗円に沿って左回り(反時計回り)オープン(-$j\infty\Omega$)方向に進むので，高周波電流は流れにくくなります．

$X_C = 1/\omega_C = 1/2\pi fC$ …… 値は，キャパシタンスに反比例します．

①Quick Smithを起動します．
②右ウィンドウの Schematic 画面をクリックしてアクティブにします．
　左上メニューの Assign Values をクリックすると，タグが下がります．一番上の Frequency をクリックすると，別ウィンドウで Enter Frequency in MHz 画面が現われるので，周波数 7.1 を入力して， OK をクリックします．直ぐ上のFreq〔MHz〕に 7.100 と表示されます．

5-1　スミス・チャート上において，L，C，Rの値を可変した場合 | 069

③ Schematic 画面内の下段に，横一列に gam R ohms X ohms C pf L nh …と記号が並んでいるので，コンデンサ記号の C pf をドラックして，画面中段の回路図のW2の下にある 空白部にある横線の上 に，ドロップします．
④ 別ウィンドウが現われるので， 450 を入力して， OK をクリックします．回路図にC_sが描かれ，W2がC2 450.000 に変更されて表示されます．
⑤ C2 450.000 の右にある▲▼をクリックすると値が変わり，左ウィンドウのスミス・チャート内の青い点が$r=1$円に沿って移動します．
⑥ 移動量が少ないときは，C2 450.000 の数値をクリックすると別ウィンドウ〔Enter Step Size〕が現われ，例えば 50 を入力して OK をクリックします．この状態で▲▼をクリックすると，50pF Stepで変化するので，キャパシタンスの数値に対するスミス・チャート上の動きが目で確認できます．
⑦ 最初，右ウィンドウの Schematic 画面をクリックしてアクティブにします．左上メニューの Sweep Setup のElement 2をクリックすると，別ウィンドウが出るので，Start 50 ，Stop 1000 ，Step 10 を設定します．次に，左ウィンドウをアクティブにして， Generate Sweep させると（図5-2）の画像が得られます．

(3) レジスタンス（R_S）
直列抵抗＝R_S（シリーズ・レジスタ）の軌跡
　周波数に関係なく，抵抗値が大きくなると，（R_S）の軌跡は，抵抗直線に沿ってオープン（∞Ω）方向に進むので，高周波電流は流れにくくなります．
① Quick Smithを起動します．
② 右ウィンドウの Schematic 画面をクリックして，アクティブにします．左上メニューの Assign Values をクリックすると，タグが下がります．一番上の Frequency をクリックすると，別ウィンドウで Enter Frequency in MHz 画面が現われるので，周波数 7.1 を入力して OK をクリックします．直ぐ上のFreq〔MHz〕に 7.100 と表示されます．
③ Schematic 画面内の下段に横一列に gam R ohms X ohms C pf L nh …と記号が並んでいるので，抵抗記号の R ohms をドラックして，画面中段にある回路図のW2の下にある 白い空白部にある横線の上 にドロップします．
④ 別ウィンドウが現われるので， 50 を入力して OK をクリックします．回路図にR_sが描かれ，W2がR2 50.000 に変更されて表示されます．
⑤ R2 50.000 の右にある▲▼をクリックすると数値が変わり，左ウィンドウのスミス・チャート内の青い点が$X=0$直線に沿って移動します．

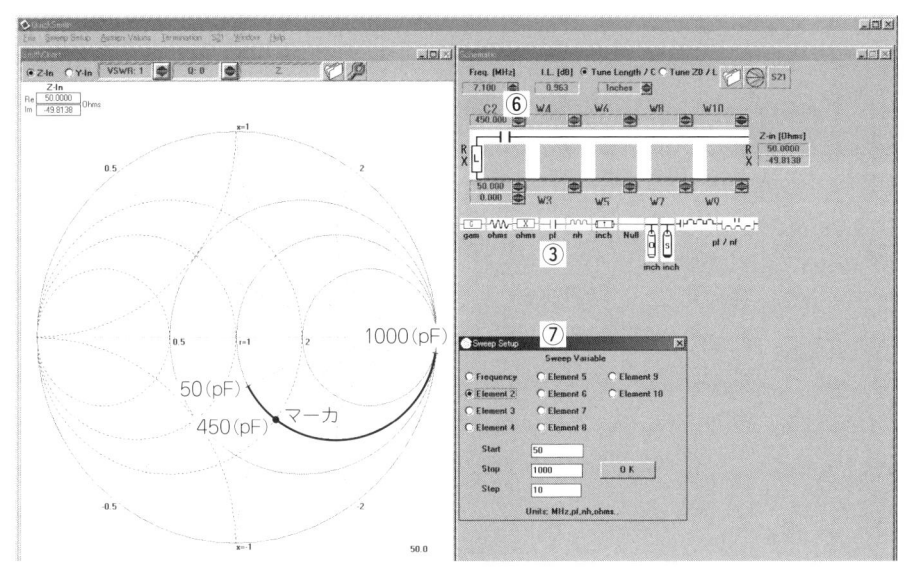

[図5-2] 直列コンデンサ＝C_S(シリーズ・キャパシタ)の値を50～1000(pF)間，Quick Smithで可変したときの軌跡図．マーカは，450pFの位置にある

この状態で▲▼をクリックすると，1Ω Stepで変化し，レジスタンス(抵抗)の数値に対するスミス・チャート上の動きが目で確認できます．

5-2　スミス・チャート上において，周波数を可変した場合

今度は，L，C，Rの値は固定したままで，周波数を低⇔高に可変したとき，スミス・チャート上でそれぞれの軌跡をQuick SmithというPC用ソフトを使ってシミュレーションしてみます．

(1) 誘導性リアクタンス($+jX$)
直列コイル＝L_S(シリーズ・インダクタ)の軌跡
周波数が高くなると，比例して誘導性リアクタンス($+jX$)が大きくなります．このとき(L_S)の軌跡は，定抵抗円に沿って右回り(時計回り)オープン($+j\infty\Omega$)方向に進むので，高周波電流は流れにくくなります．

$$X_L = \omega_L = 2\pi fL \cdots 値は，(f)周波数に比例します．$$

5-2　スミス・チャート上において，周波数を可変した場合　071

①Quick Smithを起動します．
②右ウィンドウの Schematic 画面をクリックしてアクティブにします．
　左上メニューの Assign Values をクリックするとタグが下がります．一番上の Frequency をクリックすると，別ウィンドウで Enter Frequency in MHz 画面が現われるので，周波数 7.1 を入力して OK をクリックします．直ぐ上のFreq〔MHz〕に 7.100 と表示されます．
③ Schematic 画面内の下段に横一列に gam R ohms X ohms C pf L nh …と記号が並んでいるので，コイル記号の L nh をドラックして，画面中段にある回路図のW2の下にある 白い空白部にある横線の上 にドロップします．
④別ウィンドウが現われます． 1000 を入力して OK をクリックします．
　回路図にL_sが描かれ，L2 1000.000 と表示されます．
⑤Freq〔MHz〕 7.100 の右にある▲▼をクリックすると数値が変わり，左ウィンドウのスミス・チャート内の青い点が$r=1$円に沿って移動します．図5-1と同じ画面で，周波数を変化させます．
⑥移動量が大きいときは，Freq 7.100 をクリックすると，別ウィンドウ〔Enter Step Size〕が現われるので， 0.1 を入力して OK をクリックします．
　この状態で▲▼をクリックすると，100kHz Stepで変化するので，周波数の変化に対するスミス・チャート上の動きが目で確認できます．

(2) 容量性リアクタンス($-jX$)
直列コンデンサ＝C_S(シリーズ・キャパシタ)の軌跡
　周波数が低くなると，反比例して容量性リアクタンス($-jX$)が大きくなります．このとき(C_S)の軌跡は，定抵抗円に沿って左回り(反時計回り)オープン($-j\infty\Omega$)方向に進むので，高周波電流は流れにくくなります．

$$X_C = 1/\omega C = 1/2\pi fC \cdots\cdots 値は，(f)周波数に反比例します．$$

①Quick Smithを起動します．
②右ウィンドウの Schematic 画面をクリックしてアクティブにします．
　左上メニューの Assign Values をクリックするとタグが下がります．一番上の Frequency をクリックすると，別ウィンドウで Enter Frequency in MHz 画面が現われるので，周波数 7.1 を入力して OK をクリックします．直ぐ上のFreq〔MHz〕に 7.100 と表示されます．

③ Schematic 画面内の下段に横一列に gam R ohms X ohms C pf L nh …と記号が並んでいまるので，コンデンサ記号の C pf をドラックして，画面中段にある回路図のW2の下にある 白い空白部にある横線の上 にドロップします．

④ 別ウィンドウが現われるので， 450 を入力して OK をクリックします．
回路図にC_sが描かれ，C2 450.000 と表示されます．

⑤ Freq〔MHz〕 7.100 の右にある▲▼をクリックすると，数値が変わり左ウィンドウのスミス・チャート内の青い点が，$r=1$円に沿って移動します．図5-2と同じ画面で周波数を変化させます．

（3）レジスタンス（R_S）

レジスタンスの値は，周波数に関係ありません．（R_S）の軌跡は，初期位置そのままで，値は周波数に無関係です．

> 次は，アドミタンス・チャート上で，並列のコイルやコンデンサなど素子の軌跡を見ます．前章で説明しましたが，インピーダンスとは逆の考え方です．
> アドミタンスの数値が大きくなる，すなわち∞Sに近づくということは，高周波電流が流れやすいということなので，回路的にはショート状態になります．

5-3 アドミタンス・チャートにおいて，L，C，Rの値を可変した場合

周波数を固定したままで，L，C，Rの値を，小⇔大と可変させたときのようすをQuick Smithを使ってシミュレートして，アドミタンス・チャート上での軌跡を見てみます．

（1）誘導性サセプタンス（$-jB$）
並列コイル＝L_P（パラレル・インダクタ）の軌跡

コイル（L）のインダクタンス（H）の値が小さくなると，反比例して誘導性サセプタンス（$-jB$）が大きくなります．このとき（L_P）の軌跡は，定コンダクタンス円に沿って左回り（反時計回り）にショート（$-j\infty$S）方向に進むので，高周波電流は流れやすくなります．

$B_L = 1/\omega L = 1/2\pi fL$ ……インダクタンスの値に反比例します.

① Quick Smithを起動します.
② 右ウィンドウの|Schematic|画面をクリックしてアクティブにします.
　左上のメニューの|Assign Values|をクリックすると, タグが下がります. 一番上の|Frequency|をクリックすると, 別ウィンドウで|Enter Frequency in MHz|画面が現われるので, 周波数|7.1|を入力して|OK|をクリックします. すぐ上のFreq〔MHz〕に|7.100|と表示されます.
③ |Schematic|画面内の下段に, 横一列に|gam| |R ohms| |X ohms| |C pf| |L nh|…と記号が並んでいるので, コイル記号の|L nh|をドラックして, 画面中段にある回路図のW3の上にある, |縦溝の白い空白部|にドロップします.
④ 別ウィンドウが現われるので, |1000|を入力して|OK|をクリックします.
　回路図にL_pが描かれ, W3がL3|1000.000|に変更されて表示されます.
⑤ L3|1000.000|の右にある▲▼をクリックすると, 数値が変わり左ウィンドウのスミス・チャート内の青い点がg(コンダクタンス)＝1円の点線に沿って移動します.
⑥ 移動量が少ないときは, L3|1000.000|の数値をクリックすると別ウィンドウ〔Enter Step Size〕が現われるので, |100|を入力して|OK|をクリックします.
　この状態で▲▼をクリックすると, 100nH Stepで変化します. インダクタンスの数値に対するスミス・チャート上の動きが目で確認できます.
⑦ 最初, 右ウィンドウの|Schematic|画面をクリックして, アクティブにします. 左上メニューの|Sweep Setup|のElement 3をクリックして, 別ウィンドウで, Start |200|, Stop |4000|, Step |50|を設定します. 次に, 左ウィンドウをアクティブにして, |Generate Sweep|させると, 図5-3のような画像が得られます.

(2) 容量性サセプタンス(+*jB*)
並列コンデンサ＝C_P(パラレル・キャパシタ)の軌跡
　コンデンサ(C)のキャパシタンス(F)の値が大きくなると, 比例して容量性サセプタンス(+*jB*)が大きくなります. このとき(C_P)の軌跡は, 定コンダクタンス円に沿って右回り(時計回り)にショート(+$j∞$S)方向に進むので, 高周波電流は流れやすくなります.

$B_C = \omega C = 2\pi fC$ …… 値は, キャパシタンスの値に比例します.

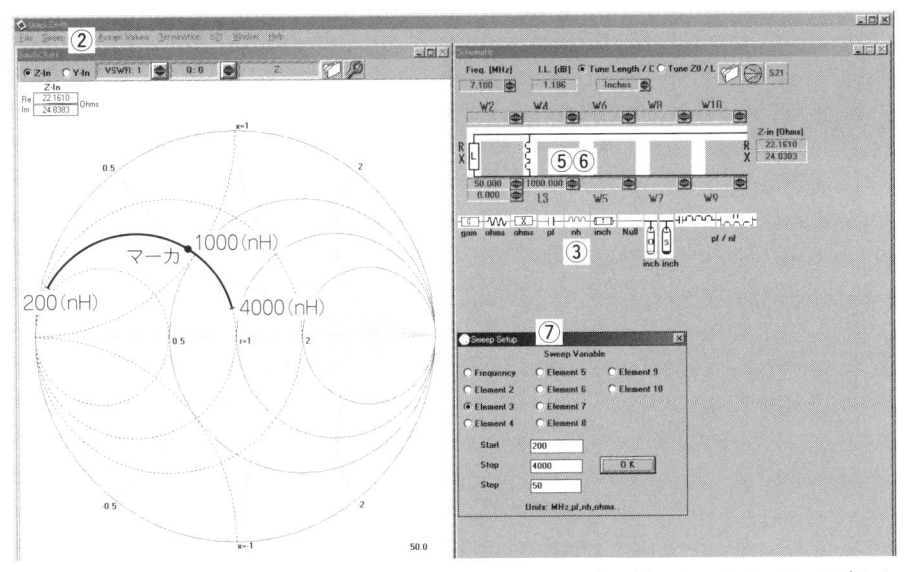

[図5-3] 並列コイル=L_P(パラレル・インダクタ)の値を200〜4000(nH)間，Quick Smithで可変したときの軌跡図．マーカは，1000nHの位置にある

① Quick Smithを起動します．
② 右ウィンドウの Schematic 画面をクリックしてアクティブにします．
　左上メニューの Assign Values をクリックするとタグが下がります．一番上の Frequency をクリックすると，別ウィンドウで Enter Frequency in MHz 画面が現われるので，周波数 7.1 を入力して OK をクリックします．上のFreq〔MHz〕に 7.100 と表示されます．
③ Schematic 画面内の下段に横一列に gam R ohms X ohms C pf L nh …と記号が並んでいます．コンデンサ記号の C pf をドラックして，画面中段にある回路図のW3の上にある，縦溝の白い空白部 にドロップします．
④ 別ウィンドウが現われます． 450 を入力して OK をクリックします．
　回路図にC_pが描かれ，W3がC3 450.000 に変更されて表示されます．
⑤ C3 450.000 の右にある▲▼をクリックすると，数値が変わり左ウィンドウのスミス・チャート内の青い点が$g=1$円に沿って移動します．
⑥ 移動量が少ないときは，C3 450.000 の数値をクリックすると，別ウィンドウ〔Enter Step Size〕が現われるので， 50 を入力して OK をクリックします．
　この状態で▲▼をクリックすると，50pF Stepで変化します．キャパシタンスの

5-3　アドミタンス・チャートにおいて，L, C, Rの値を可変した場合 | 075

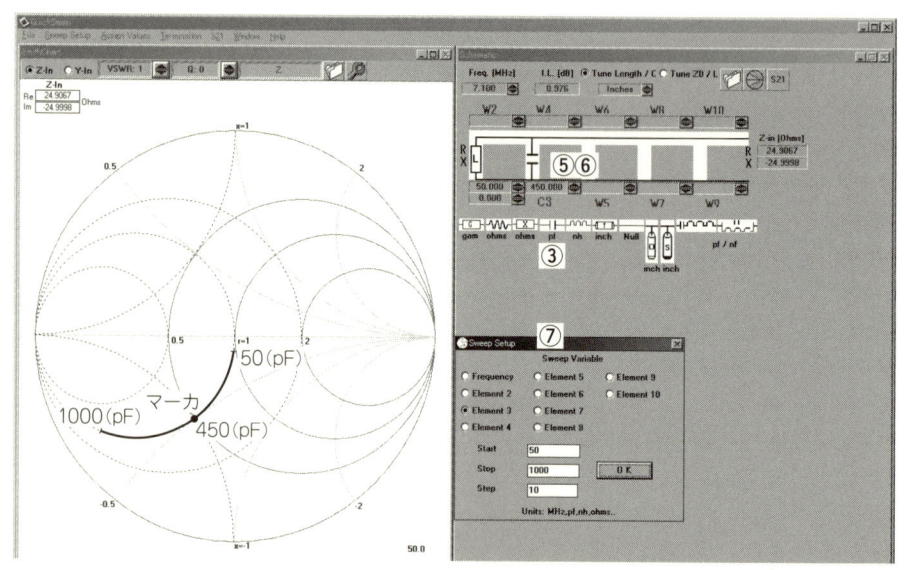

[図5-4] 並列コンデンサ＝C_P（パラレル・キャパシタ）の値を50～1000(pF)間，Quick Smithで可変したときの軌跡図．マーカは，450pFの位置にある

数値に対するスミス・チャート上の動きが目で確認できます．
⑦最初に，右ウィンドウの Schematic 画面をクリックして，アクティブにします．左上メニューの Sweep Setup のElement 3をクリックすると，別ウィンドウが出ます．Start 50 ，Stop 1000 ，Step 10 に設定します．次に，左ウィンドウをアクティブにして Generate Sweep させると，図5-4の画像が得られます．

(3) コンダクタンス（$G = R_P$）
並列抵抗＝R_P（パラレル・レジスタ）の軌跡
　周波数に関係なく，抵抗値が小さくなるということは，コンダクタンス値が大きくなるということです．このとき，（R_P）の軌跡は，定サセプタンス円弧に沿ってショート（∞S）方向に進み，高周波電流は流れやすくなります．
①Quick Smithを起動します．
②右ウィンドウの Schematic 画面をクリックして，アクティブにします．
　左上メニューの Assign Values をクリックすると，タグが下がります．一番上の Frequency をクリックして，別ウィンドウの Enter Frequency in MHz 画面で，周波数 7.1 を入力して OK をクリックします．すぐ上のFreq〔MHz〕に 7.100

と表示されます.

③ Schematic 画面内の下段に, gam R ohms X ohms C pf L nh …と記号が並んでいるので, 抵抗記号の R ohms をドラックして, 画面中段にある回路図のW3の上にある, 縦溝の白い空白部 にドロップします.

④ 出てきた別ウィンドウに, 50 を入力して OK をクリックします.
回路図に R_p が描かれ, W3が, R3 50.000 に変更されて表示されます.

⑤ R3 50.000 の右にある▲▼をクリックすると, 数値を変更できます. 左ウィンドウのスミス・チャート内の青い点が, $X=0$ の直線に沿って移動します.
この状態で▲▼をクリックすると, 値は, 1Ω Stepで変化します. レジスタンス(抵抗)の数値に対するスミス・チャート上の動きが目で確認できます.

5-4　アドミタンス・チャートにおいて, 周波数を可変した場合

今度は, L, C, R の値は固定したままで, 周波数を低⇔高に可変したときの軌跡をシミュレーション・ソフトQuick Smithを使ってチャート上の動きを確認します.

(1) 誘導性サセプタンス(-*jB*)
並列コイル＝L_P(パラレル・インダクタ)の軌跡

周波数が低くなると, 反比例して誘導性サセプタンス($-jB$)が大きくなります. このとき(L_p)の軌跡は, 定コンダクタンス円に沿って左回り(反時計回り), つまりショート($-j\infty$S)方向に進みます. 高周波電流は流れやすくなります.

$$B_L = 1/\omega L = 1/2\pi fL \quad \cdots\cdots \text{値は, }(f)\text{周波数に反比例します.}$$

① Quick Smithを起動します.
② 右ウィンドウの Schematic 画面をクリックしてアクティブにします.
左上メニューの Assign Values をクリックするとタグが下がります. 一番上の Frequency をクリックすると, 別ウィンドウで Enter Frequency in MHz 画面が現れます. ここに周波数 7.1 を入力して, OK をクリックします. すぐ上のFreq〔MHz〕に 7.100 と表示されます.
③ Schematic 画面内の下段に横一列に gam R ohms X ohms C pf L nh …と記号が並んでいます. コイル記号の L nh をドラックして, 画面中段にある回路図のW2の上にある 縦溝の白い空白部 にドロップします.

④現われた別ウィンドウに，|1000|を入力して|OK|をクリックします．
回路図にL_pが描かれ，L3 |1000.000|と表示されます．

⑤Freq〔MHz〕|7.100|の右にある▲▼をクリックすると，数値が変わり，左ウィンドウのスミス・チャート内の青い点がg（コンダクタンス）＝1円に沿って移動します．

⑥移動量が大きいときは，Freq |7.100|をクリックすると，別ウィンドウ〔Enter Step Size〕が現われます．|0.1|を入力して|OK|をクリックします．
この状態で▲▼をクリックすると，100kHz Stepで変化します．周波数の変化に対するスミス・チャート上の動きが目で確認できます．**図5-3**と同じ画面で周波数を変化させます．

(2) 容量性サセプタンス($+jB$)
並列コンデンサ＝C_P（パラレル・キャパシタ）の軌跡

周波数が高くなると，比例して容量性サセプタンス($+jB$)が大きくなります．このとき(C_P)の軌跡は，定コンダクタンス円に沿って右回り（時計回り），つまりショート($+j\infty$S)方向に進みます．高周波電流は流れやすくなります．

$$B_C = \omega C = 2\pi f C \cdots\cdots 値は，(f)周波数に比例する$$

①Quick Smithを起動します．
②右ウィンドウの|Schematic|画面をクリックして，アクティブにします．
左上メニューの|Assign Values|をクリックするとタグが下がります．一番上の|Frequency|をクリックすると，別ウィンドウで|Enter Frequency in MHz|画面が現われます．周波数|7.1|を入力して，|OK|をクリックします．すぐ上のFreq〔MHz〕に|7.100|と表示されます．

③|Schematic|画面内の下段に，横一列に|gam| |R ohms| |X ohms| |C pf| |L nh|…と記号が並んでいます．コンデンサ記号の|C pf|をドラックして，画面中段にある回路図のW3の上にある，|縦溝の白い空白部|にドロップします．

④現われた別ウィンドウに，|450|を入力して|OK|をクリックします．
回路図にC_pが描かれ，C3 |450.000|と表示されます．

⑤Freq〔MHz〕|7.100|の右にある▲▼をクリックすると，数値が変わり，左ウィンドウのスミス・チャート内の青い点がg（コンダクタンス）＝1円に沿って移動します．**図5-4**と同じ画面で周波数を変化させます．

(3) コンダクタンス($G = R_P$)
並列抵抗＝R_P(パラレル・レジスタ)の軌跡

　周波数と関係ないので(R_S)の軌跡は，初期位置そのままです．

パソコンでスッキリ！電波とアンテナとマッチング

第6章

スミス・チャートを使ったアンテナのインピーダンス整合
～スミス・チャートの応用とインピーダンス整合の考え方～

❖

第1章～第5章までで解説したように，インピーダンス整合は，二つの項目を調整しないと完全に整合できません．アンテナ整合に必要な情報は，連続的なインピーダンス特性です．ただし，残念ながらSWR計やインピーダンスの絶対値（|Z|）計だけでは，うまく処理できない場合があります．

❖

アンテナの構造上，エレメントの長さを調整できる場合と，調整できない場合，および，アンテナの放射抵抗（R_a）がZ_o=50Ωより低い場合と，Z_o=50Ωより高い場合に分けて説明します．

6-1 エレメント長は変えないでインピーダンス整合する

エレメント長はアンテナの設計値のままにして，何らかの整合手段を考えます．この場合，アンテナのインピーダンスのデータは，ワンポイントでも良いので，クラニシBR-510A（またはD）や，MFJ-259B（または269）などの，インピーダンスの絶対値=|Z|計で測定します．

放射抵抗（R_a）がZ_o=50Ωより高いのか，または低いかの，おおよその値がわかれば良いのです．ただし，測定は，その周波数で電気長が$\lambda/2$の整数倍の同軸ケーブルで測定します※．

6-1-1 スタブで整合させる方法（UHF以上の周波数帯でも同様）
ある周波数での$SWR \fallingdotseq 1$にする方法です．
スタブでインピーダンス整合を取る場合，理論上**全負荷**に対して整合が可能です．

※ 6-1-1と6-1-2は，パソコンでシミュレーションして実証する．

オープン・ワイヤの給電線から，同軸ケーブルやプリント基板上のマイクロ・ストリップ・ラインでも応用できます．

　伝送線路として，市販の同軸ケーブルを使用する場合は，耐電圧などの影響で整合の範囲が狭くなります．それでも$SWR<3$位の範囲の負荷で，電力が200Wほどであれば安全に整合できます．

　負荷のインピーダンス（Z_L）は，リアクタンス分が含まれていてもかまいませんが，わかりやすいように，設計例では純抵抗として説明します．

(1) アンテナの放射抵抗（R_a）が50Ωより低い場合は，オープン・スタブを使う
〔スミス・チャート解析ソフト「Smith V3.10」を使ったシミュレーション(A)〕

　アンテナ放射抵抗（R_a）＝30Ωとします．

① Smith を起動します．

② Toolbox の Keyboard をクリックします．

　Data Point の re に 30 ，im に 0 ，frequency に 7.1 を入力し，単位を MHz に変更して， OK をクリックすると，スミス・チャート上に，□記号とDP1が表示されます．

③ Toolbox にある， 直列 Line の記号 をクリックします．

　Zo Line impedance の Ohms に， 50 を入力して OK をクリックすると， unnamed ウィンドウ（スミス・チャート画面）に，$SWR=1.67$円が画かれ，円に沿って右回り矢印が表れます．

　マウスを動かすと，矢印の方向に +記号のカーソル が動きます．$SWR=1.67$円と，コンダクタンス円が交差する点に到達したら，マウスをクリックします．○記号とDP2が表示されます．

> 📝 このとき， Cursor ウィンドウにある各項目の数値が，マウスの位置により変化します． Y 項目のGの数値が，20mSになるところが，交点です．

④ Toolbox にある 並列同軸ケーブル記号の OS（オープン・スタブ） をクリックします．

　Zo Line impedance の Ohms に 50 を入力して， OK をクリックすると，コンダクタンス円に沿って右回りの矢印が表示されます．

　マウスを動かすと，矢印の方向に +記号のカーソル が動きます．スミス・チャート中心の1に到達したら，マウスをクリックします．○記号とDP3が表示されます．

⑤ Schematic と Data Points の別ウィンドウに，解析結果が表示されます(**図6-1**).

この結果，図6-1から，給電部から送信機側に，0.105λの箇所に，0.076λの長オープン・スタブを並列に接続すると，インピーダンス整合します．同軸ケーブルの場合は，短縮率(0.67)を乗ずるのを忘れないでください．

次は，オープン・スタブの代わりに，並列にコンデンサ(C_p)を接続する場合です．

⑥ unnamed ウィンドウ内を1回右クリックすると，一つ前の操作④がキャンセルされてDP2画面に戻ります．

⑦ Toolbox にある 並列コンデンサ記号C をクリックします．

マウスを動かすと，コンダクタンス円に沿って右回りに矢印の方向に +記号のカーソル が動きます．スミス・チャート中心の1に到達したら，マウスをクリックします．○記号とDP3が表示されます．

⑧ Schematic と Data Points の別ウィンドウに解析結果が表示されます(**図6-2**).

給電部から送信機側に0.105λの箇所に，オープン・スタブの代わりに，232pF

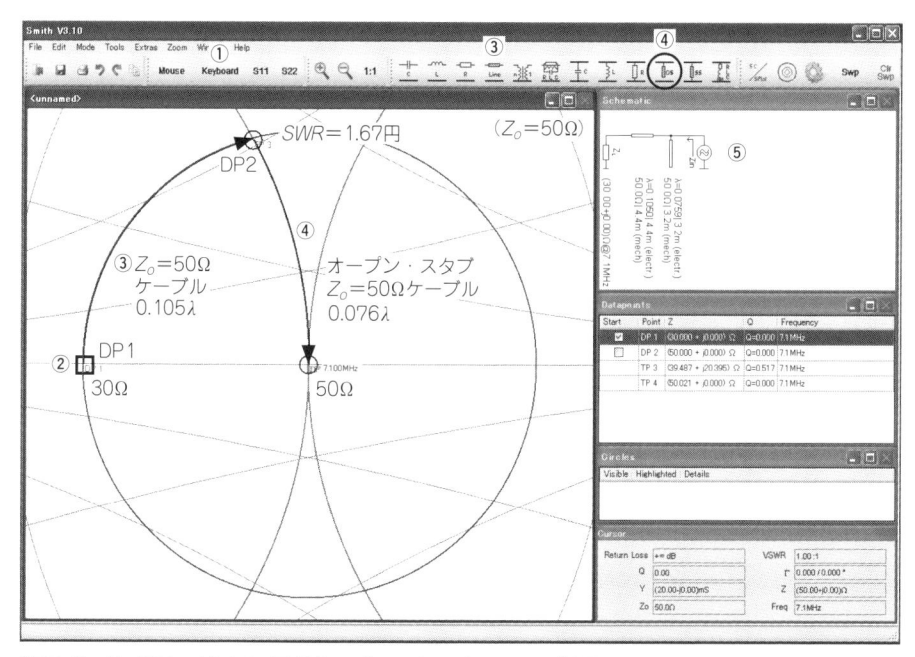

[図6-1] R_aが50Ω以下で，同軸ケーブルのオープン・スタブを調整してアンテナ整合をする場合をSmith V3.10でシミュレートした．各定数をスミス・チャートの軌跡を見ながら求めることができる

6-1 エレメント長は変えないでインピーダンス整合する | 083

のコンデンサ(C_p)を並列に接続すると，インピーダンス整合できます．

> 上記③④の場合，同軸ケーブルの絶縁体の誘電率ε_r（イプシロン・アール）がわかっているとき，例えば，5D-2Vの絶縁体がポリエチレンの場合は，2.2と入力します．
> 同軸ケーブルの解析値の長さが，自動的に短縮率(0.67)を乗じた値になります．しかし，数値が2桁しか表示されないので，この欄は記入しないで，後で，解析値に短縮率(0.67)を乗じるほうが良いでしょう．

(2) アンテナの放射抵抗(R_a)が 50Ω より高い場合，ショート・スタブを使う

〔スミス・チャート解析ソフト「Smith V3.10」を使ったシミュレーション(B)〕

アンテナ放射抵抗(R_a) = 80Ω とします．

① Smithを起動します．

② Toolbox の，Keyboard をクリックします．

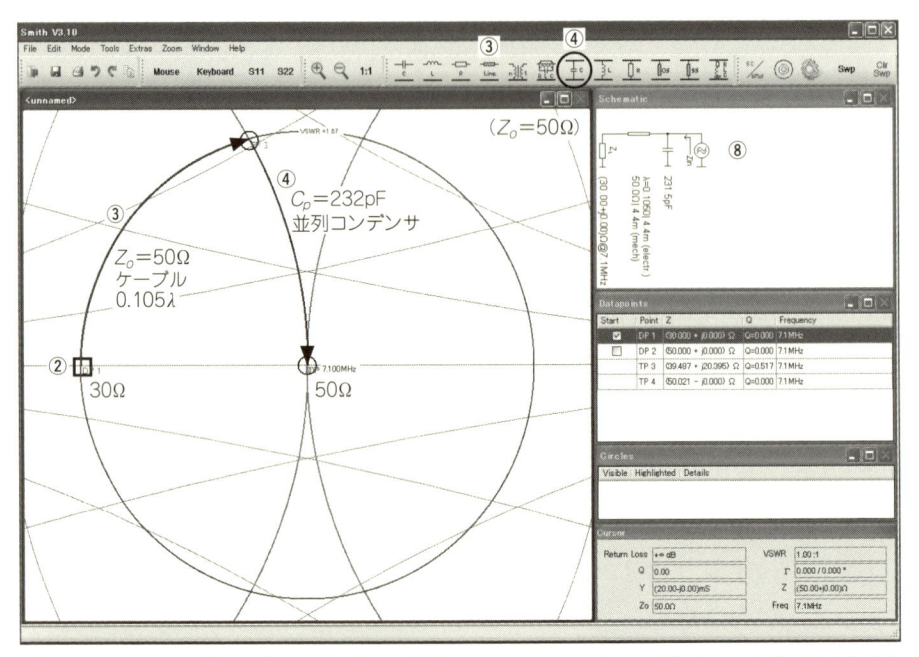

[図6-2] R_aが50Ω以下で，同軸ケーブルにパラレル・キャパシタを追加してアンテナ整合するようすをSmith V3.10でシミュレートした．各定数をスミス・チャートの軌跡を見ながら求めることができる

$\boxed{\text{Data Point}}$のreに，$\boxed{80}$，imに$\boxed{0}$，Frequencyに，$\boxed{7.1}$を入力し，単位をMHzに変更して$\boxed{\text{OK}}$をクリックすると，スミス・チャート上に，□とDP1が表示されます．

③ $\boxed{\text{Toolbox}}$にある，$\boxed{\text{直列 Line の記号}}$をクリックします．$\boxed{\text{Zo Line impedance}}$の$\boxed{\text{Ohms}}$に，$\boxed{50}$を入力して$\boxed{\text{OK}}$をクリックすると，$\boxed{\text{unnamed}}$ウィンドウ(スミス・チャート画面)に，$SWR=1.6$円が画かれ，円に沿って右回りの矢印が表れます．マウスを動かすと，矢印の方向に$\boxed{\text{+記号のカーソル}}$が動くので，$SWR=1.6$円と，コンダクタンス円が交差する点に到達したら，マウスをクリックします．○記号とDP2が表示されます．

> このとき，$\boxed{\text{Cursor}}$ウィンドウにある各項目の数値がマウスの位置により変化します．$\boxed{\text{Y}}$項目のGの数値が20mSになるところが交点です．

④ $\boxed{\text{Toolbox}}$にある$\boxed{\text{並列同軸ケーブル記号のSS(シュート・スタブ)}}$をクリックします．
$\boxed{\text{Zo Line impedance}}$の$\boxed{\text{Ohms}}$に，$\boxed{50}$を入力して，$\boxed{\text{OK}}$をクリックすると，コンダクタンス円に沿って，左回りの矢印が表示されます．
マウスを動かすと，コンダクタンス円に沿って，左回りに矢印の方向に$\boxed{\text{+記号のカーソル}}$が動きます．スミス・チャート中心の1に到達したら，マウスをクリックします．
○記号とDP3が表示されます．

⑤ $\boxed{\text{Schematic}}$と$\boxed{\text{Data Points}}$の別ウィンドウに，解析結果が表示されます(図6-3)．
この結果から，給電部から送信機側に，0.143λの箇所に，0.180λ長のショート・スタブを並列に接続すると，インピーダンス整合します．同軸ケーブルの場合は，短縮率(0.67)を乗ずるのを忘れないでください．
次は，オープン・スタブの代わりに，並列にコイル(L_p)を接続する場合です．

⑥ $\boxed{\text{unnamed}}$ウィンドウ内を1回右クリックすると，一つ前の操作④がキャンセルされて，DP2画面に戻ります．

⑦ $\boxed{\text{Toolbox}}$にある$\boxed{\text{並列コイル記号L}}$をクリックします．
マウスを動かすと，左回りに矢印の方向に$\boxed{\text{+記号のカーソル}}$が動きます．スミス・チャート中心の1に到達したら，マウスをクリックします．○記号とDP3が表示されます．

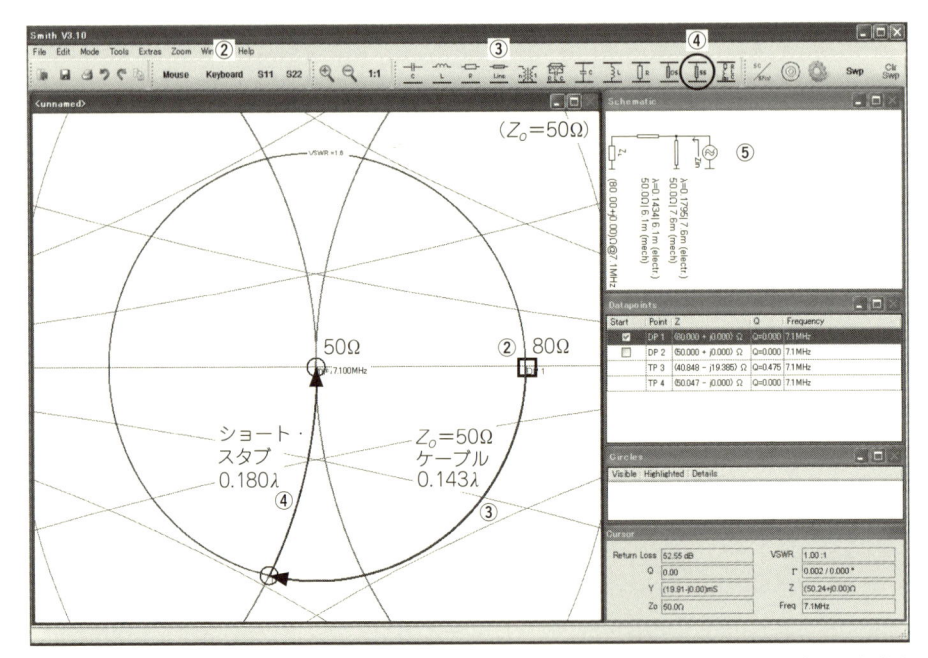

[図6-3] R_a が50Ω以下で，同軸ケーブルのショート・スタブを調整してアンテナ整合するようすを Smith V3.10でシミュレートした．各定数をスミス・チャートの軌跡を見ながら求めることができる

⑧ Schematic と Data Points の別ウィンドウに解析結果が表示されます（図6-4）．この結果から，給電部から送信機側に，0.143λの箇所に，ショート・スタブの代わりに2.4μHのコイル（L_p）を並列に接続すると，インピーダンス整合できます．

6-1-2 途中に挿入した75Ω同軸ケーブルで整合させる方法

この方法は，アンテナ放射抵抗（R_a）に対して，給電線側の給電インピーダンス（Z_f）を少し高めに設定して，SWR特性を最適化する方法です．

この項の応用例は，これは著者が考案した新しい給電の考え方です．あるポイント周波数のSWR＝1にこだわらず，使用周波数帯全域のSWRを低く設定する方法です．

勘どころは，アンテナのインピーダンス（Z_a）より，給電のインピーダンス（Z_f）を少し高めに設定することです．

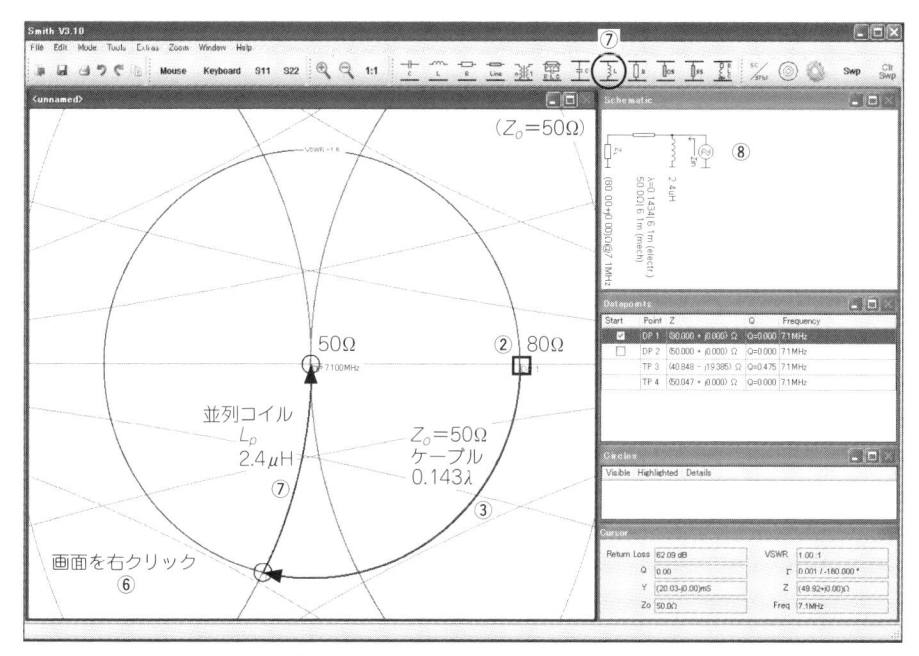

[図6-4] R_aが50Ω以下で，同軸ケーブルにパラレル・インダクタを追加してアンテナ整合するようすをSmith V3.10でシミュレートした．各定数をスミス・チャートの軌跡を見ながら求めることができる

　75Ω系の同軸ケーブルと，50Ω系の同軸ケーブルとを組み合わせた方法は，CQ出版社『エレキジャック No.20 ダブルバズーカ・アンテナの徹底解析』で紹介しました．
　その代表的なものは，下記の「75Ω⇔50Ω変換ケーブル」です．単一周波数帯用ですが，周波数帯域はブロードなので，ハムバンドをカバーできます．

〔スミス・チャート解析ソフト「Smith V3.10」を使ったシミュレーション(C)〕
75Ω⇔50Ω変換ケーブル
① Toolbox の Keyboard をクリックして，Date Point タグを出します．Impedanceのreに 50 ，imに 0 を入力して，Frequencyに 設計周波数を入力 して OK をクリックすると，スミス・チャート上に，□記号とDP1が表示されます．
② Toolbox の Keyboard をクリックして，Date Point タグを出します．Impedanceのreに 75 ，imに 0 を入力して，Frequencyに 設計周波数を入力 して OK をクリックすると，スミス・チャート上に，ターゲットの□記号とDP2が表示さ

れます．

③ DP2の SWR は，75/50＝1.5です．

　 Tools をクリックして， Circles をクリックすると，タグが下がります．
 VSWR をクリックして，defined の 1.5 を入力し， OK をクリックすると，VSWR＝1.5の円が表示されます．見やすくするために， Zoom をクリック，
 Zoom in をクリックして，スミス・チャート画面を拡大します．または， unnamed ウィンドウ内をクリックして，マウスをスクロールしても拡大/縮小することができます．

④ Toolbox にある， 直列 Line の記号 をクリックすると， Zo Line impedance のタグが出ます． Ohms に 75 を入力して， OK をクリックします．
スミス・チャート上に円が現れます．マウスによって右回りに進み，VSWR＝1.5円との交点をクリックすると，○記号とDP3が表示されます．

⑤ 再び Toolbox にある， 直列 Line の記号 をクリックすると， Zo Line impedance のタグが出ます． Ohms に 50 を入力して， OK をクリックします．

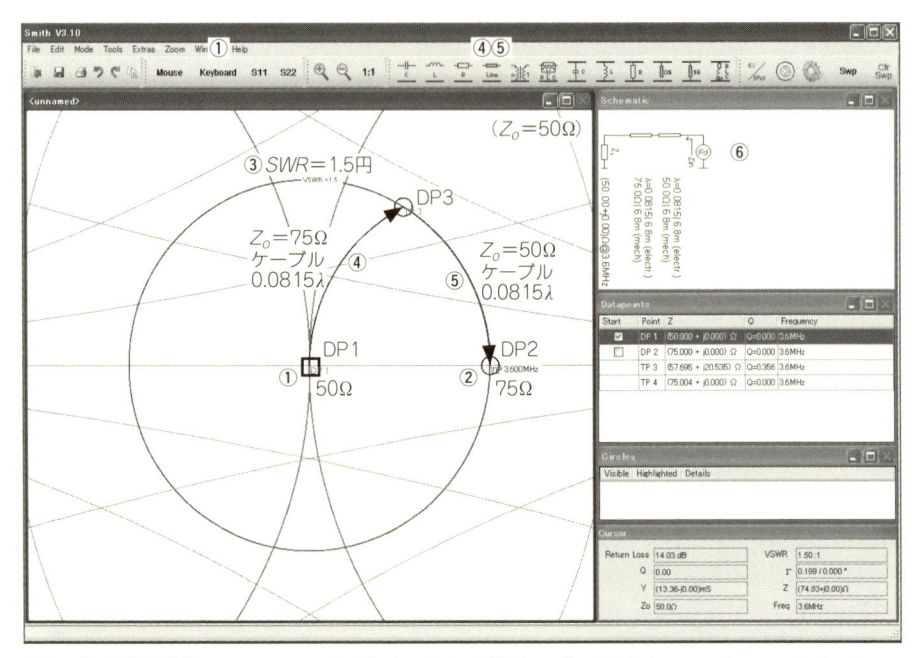

[図6-5] 設計周波数で75Ω⇔50Ωを変換するための同軸ケーブル長をシミュレータ・ソフトでスミス・チャートの軌跡を見ながら求める

088　第6章　スミス・チャートを使ったアンテナのインピーダンス整合

$VSWR=1.5$ 円に重なって,右回りの円が現れます.マウスによって抵抗軸直線との交点中心のDP2をクリックすると,重なってDP4が表示されます.

⑥ Schematic と Data Points に解析の結果が表示されます(図6-5).

この場合,75Ω同軸ケーブルも50Ω同軸ケーブルも,長さは,共に約0.0815λと求められました.

● 75Ωの同軸ケーブル活用例

75Ω系の同軸ケーブルを図6-6のⒶの位置に挿入すれば,アンテナのインピーダンス(Z_a)が,22.2Ωから112.5Ωまでの範囲なら,SWRを2.25以下にインピーダンス整合することができるということを示しています(図6-6).

スタブ方式との共通点は,どちらも単一周波数帯用ですが,負荷にリアクタンスがあっても,それをキャンセルして完全に整合することができます.見た目はスタブ方式よりスマートに仕上がります.

(1) アンテナの放射抵抗(R_a)が,$Z_o=22.2\sim50\Omega$の場合

アンテナのインピーダンス(Z_a)が50Ω以下のときに,適正に整合させたい場合

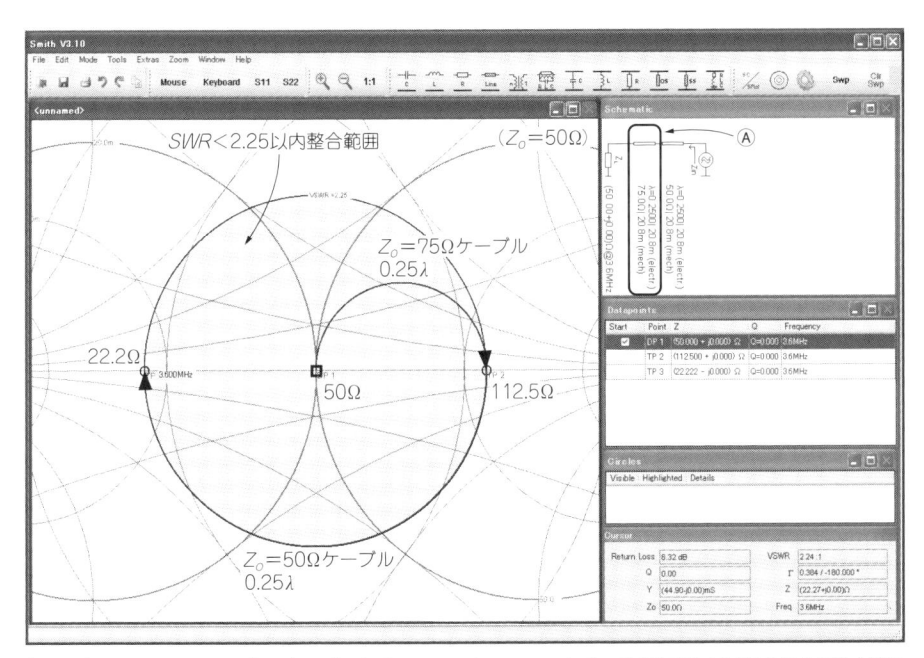

[図6-6] アンテナのインピーダンス(Z_a)が22.2Ωから112.5Ωまで,SWRでは＜2.25の円内が整合範囲

は，75Ωの同軸ケーブルを2本並列にして，37.5Ωの同軸ケーブルとして使用すれば良いでしょう．

〔スミス・チャート解析ソフト Smith V3.10 を使ったシミュレーション(D)〕

アンテナのインピーダンス(Z_a) = 30Ω − j5Ω の場合を，7.1MHz で解析します．このようにリアクタンス分を含んでいても OK です．この場合，75Ωの同軸ケーブルを2本並列に使用して，37.5Ωの同軸ケーブルとして使用します．

① $\boxed{\text{Toolbox}}$ の $\boxed{\text{Keyboard}}$ をクリックして，$\boxed{\text{Date Point}}$ タグを出します．Impedance の re に $\boxed{50}$，im に $\boxed{0}$ を入力して，Frequency に $\boxed{7.1}$ して $\boxed{\text{OK}}$ をクリックすると，スミス・チャート上に，○記号と DP1 が表示されます．

② インピーダンス(Z_a) = 30Ω − j5Ω を表示させます．
$\boxed{\text{Toolbox}}$ の $\boxed{\text{Keyboard}}$ をクリックして，$\boxed{\text{Date Point}}$ タグを出します．Impedance の re に $\boxed{30}$，im に $\boxed{-5}$ を入力して，Frequency に $\boxed{7.1}$ して $\boxed{\text{OK}}$ をクリックすると，スミス・チャート上に，□記号と DP2 が表示されます．

③ **ターゲットは，30Ω − j5Ω の共役関係になる，30Ω + j5Ω です**（←※重要）．
$\boxed{\text{Toolbox}}$ の $\boxed{\text{Keyboard}}$ をクリックして，$\boxed{\text{Date Point}}$ タグを出します．Impedance の re に $\boxed{30}$，im に $\boxed{5}$ を入力して，Frequency に $\boxed{7.1}$ して $\boxed{\text{OK}}$ をクリックすると，スミス・チャート上に，○記号と DP3 が表示されます．ターゲットの，$R = 30Ω$，$X = +j5$ の点です．
DP2 または，DP3 の真ん中にカーソルを持っていきます．このとき，$\boxed{\text{Cursor}}$ ウィンドウにある，VSWR 項目の値 $\boxed{1.69}$ をメモします．
ここでは，スミス・チャート画面を見やすくするために，$\boxed{\text{Zoom in}}$ をクリックして拡大します．または，$\boxed{\text{unnamed}}$ ウィンドウ内をクリックしてマウスをスクロールすることでも，画面を拡大，縮小できます．

④ $\boxed{\text{Tools}}$ をクリックして，$\boxed{\text{Circles}}$ をクリックするとタグが下がるので，$\boxed{\text{VSWR}}$ をクリックして，$\boxed{1.69}$ を入力し $\boxed{\text{OK}}$ をクリックします．SWR = 1.69 の円（VSWR = 1.69）が表示されます．

⑤ $\boxed{\text{Toolbox}}$ の $\boxed{\text{直列 Line の記号}}$ をクリックすると，$\boxed{\text{Zo Line impedance}}$ のタグが出ます．$\boxed{\text{Ohms}}$ に，$\boxed{37.5}$ を入力して $\boxed{\text{OK}}$ をクリックします．
スミス・チャート上に円が現れ，マウスによって右回りに進み，VSWR = 1.69 円との交点をクリックします．○記号と DP4 が表示されます．

⑥ $\boxed{\text{Toolbox}}$ の $\boxed{\text{直列 Line の記号}}$ をクリックすると，$\boxed{\text{Zo Line impedance}}$ のタグが出ます．$\boxed{\text{Ohms}}$ に，$\boxed{50}$ を入力して $\boxed{\text{OK}}$ をクリックします．

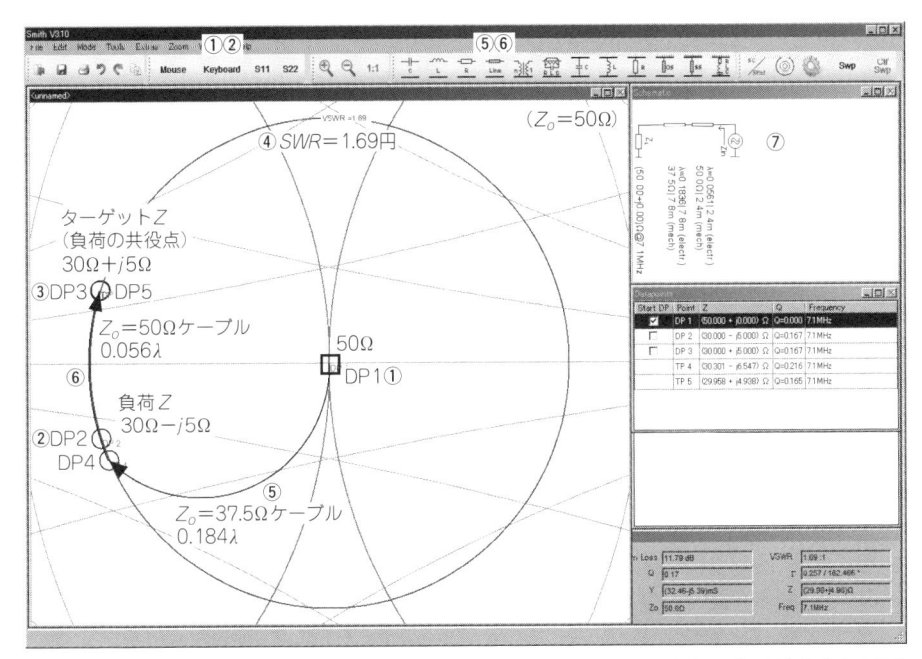

[図6-7] アンテナ・インピーダンス(Z_a)＝30Ω$-j$5Ω に整合させるための同軸ケーブル長を決定する操作をスミス・チャートの軌跡で見た図

$VSWR$＝1.69円に重なって右回りの円が現れます．ターゲットのDP3までマウスを回してクリックします．DP3に重なってDP5が表示されます．
⑦ Schematic と Data Points に解析の結果が表示されます（図6-7）．
- 75Ω 同軸ケーブルの長さは，約0.182λ と求められます．
- 50Ω 同軸ケーブルも長さは，約0.057λ と求められます．

(2) アンテナの放射抵抗(R_a)が，Z_o＝50 ～ 112.5Ω の場合

この場合は，75Ω の同軸ケーブルを使用します．

〔スミス・チャート解析ソフト Smith V3.10 を使ったシミュレーション(E)〕

アンテナのインピーダンス(Z_a)＝85Ω で，周波数は7.1MHzとします．
① Toolbox の Keyboard をクリックして，Date Point タグを出します．Impedance の re に 50 ，im に 0 を入力して，Frequency に 7.1 して OK をクリックすると，スミス・チャート上に，□記号とDP1が表示されます．

6-1 エレメント長は変えないでインピーダンス整合する 091

②もう一度，Toolbox の Keyboard をクリックして，Date Point タグを出します．Impedance の re に 85 ，im に 0 を入力して，Frequency に 7.1 して OK をクリックすると，スミス・チャート上に，○記号と DP2 が表示されます．

③ Tools をクリックして，Circles をクリックするとタグが下がります．
DP2 点の SWR は 85/50 ＝ 1.7 です．
VSWR をクリックして 1.7 を入力し OK をクリックします．
見やすくするために，unnamed ウィンドウ（スミス・チャート画面）を拡大します．

④ Toolbox の 直列 Line の記号 をクリックすると，Zo Line impedance のタグが出ます．Ohms に，75 を入力して OK をクリックします．
スミス・チャート上に円が現れます．マウスによって右回りに進み，$VSWR$ ＝ 1.7 円との交点をクリックします．○記号と DP3 が表示されます．

⑤もう一度 Toolbox の 直列 Line の記号 をクリックすると，Zo Line impedance のタグが出ます．Ohms に，50 を入力して OK をクリックします．
$VSWR$ ＝ 1.7 円に重なって，右回り円が現れます．ターゲットの DP2 までマウスを回してクリックします．DP2 に重なって DP4 が表示されます．

⑥ Schematic と Data Points に解析の結果が表示されます（図 6-8）．
- 75 Ω 同軸ケーブルの長さは，約 0.111λ と求められます．
- 50 Ω 同軸ケーブルも長さは，約 0.066λ と求められます．

　Smith V3.10 を使って，アンテナの給電部のインピーダンスの変化をシミュレーションをしてみました．給電部のインピーダンスが測定できれば，こんなに簡単に整合させることができます．

　これまでの例では，HF 帯を中心に解析しましたが，GHz 帯でのマイクロ・ストリップ・ラインでも応用できます．

　ところで，$\lambda/4$ 長の伝送線路で整合させる Q マッチングは，上記のもっとも代表的な応用例です．負荷のインピーダンス・ポイントをスミス・チャート上で 180°回転させる方法です．負荷が純抵抗でない場合，$\lambda/4 = 0.25\lambda = 180°$ 回転の長さに限定する必要性はまったくありません．$\lambda/4 = 0.25\lambda$ より長い，または，短いところに最良の整合点があったかもしれません．アンテナ（負荷）のインピーダンスを測定できれば，正確に整合させることができるのです．

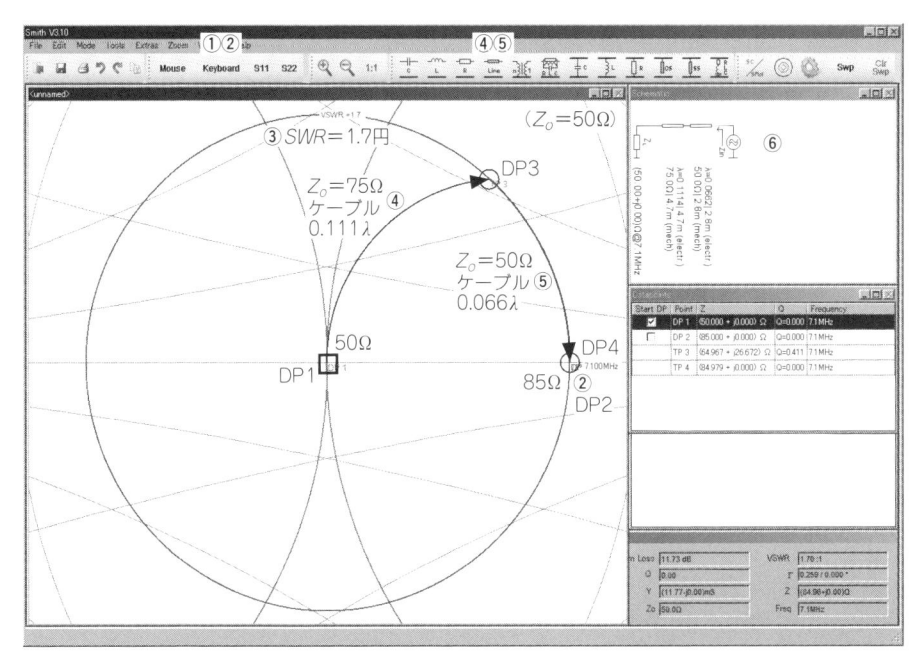

[図6-8] アンテナ・インピーダンス(Z_a)=85Ωに整合させるための同軸ケーブル長を決定する操作をスミス・チャートの軌跡で見た図

重要な注意点

- p.82の(A)やp.84の(B)のように，負荷側からZ_o側へ整合させる場合は，共役関係を考えなくても良く，負荷のポイントからZ_oのポイントへ向かって整合させます．
- p.87の(C)やp.91の(E)のように，アンテナ負荷が純抵抗の場合は，Z_oからZ_aに向かって直接に整合させることができます．しかし，p.90の(D)のように負荷にリアクタンス分が含まれる場合は，Z_oから負荷インピーダンスの共役関係(リアクタンスの符号が逆)になるインピーダンスのポイント点に向かって整合させる必要があります．

6-1-3　オフ・センタ給電（定インピーダンス法）

　この項の考え方は，「第1章　アンテナ整合の常識」で紹介したようにアンテナの**エレメントは左右同じ長さでなければならない**という固定概念を頭から取り除くことから始めます．

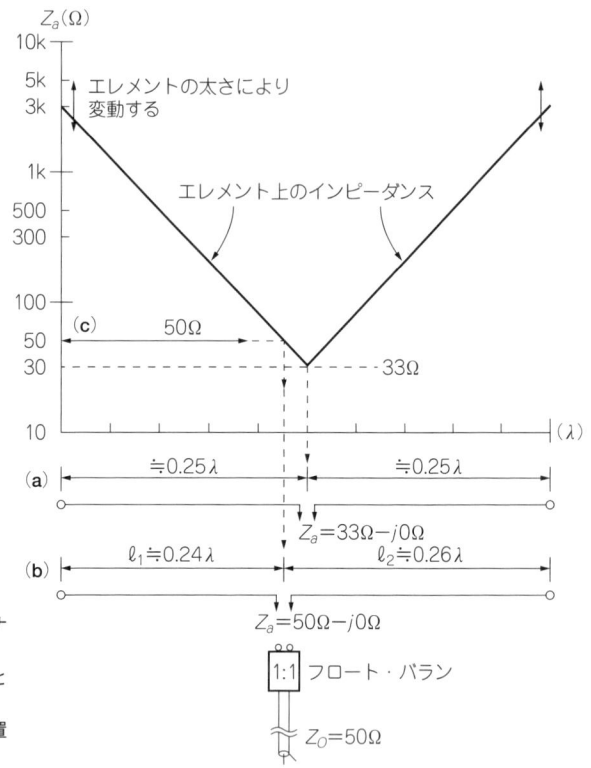

[図6-9]
ℓ_1, ℓ_2を求めるチャート図
(a) $\lambda/2$長インバーテットV・アンテナのアンテナ・インピーダンス(Z_a)
(b) オフセット給電で整合をとったときのアンテナ・インピーダンス(Z_a)
(c) $Z_a=50\Omega$のエレメント上の位置を作図から求める

　共振しているエレメントの全長は変えないで，給電部(点)の位置をずらして，$R_a=50\Omega$となる点を探し，その位置から給電する方法です．
　「第1章 1-1-1 アンテナ調整の俗説(その1)」でも紹介しましたが，このインピーダンス整合方法は，**定インピーダンス法**として，著者が以前「CQ ham radio」に発表し，後に書籍「ワイヤーアンテナ・ハンドブック」のp.219〜223にも再掲載されている方法です．
　スミス・チャートと同様に，昔から各種のチャートによる各種の設計方法がありました．
　このインピーダンスの整合方法は，**図6-9**のようなチャートを使って設計します．この方法もアンテナ等の諸特性を知り尽くした先人達が考えた合理的な方法であって，著者がウインドム・アンテナの設計手法を同軸ケーブル用にアレンジしたものです．

[図6-10]
広帯域ループ・アンテナを放射器に使用した2エレのキュビカル・クワッド・アンテナの給電部に使っているリモート・カップラの例

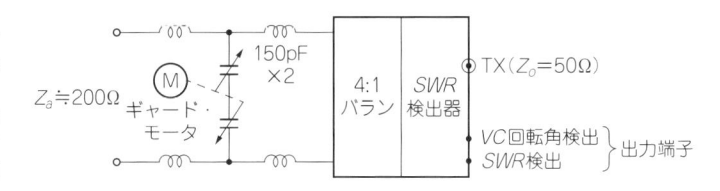

くわしくは，書籍「ワイヤーアンテナ・ハンドブック（CQ出版社）」をご覧ください．

6-1-4　給電部カップラ（*LC*の整合素子2個以上）で整合させる方法

　あるポイントの周波数を，$SWR=1.0$にする方法です．
　リモート・コントロールまたはオート・チューニング・タイプの場合は，使用する周波数全域を常に$SWR=1.0$できるので，前項の新しい給電方法にする必要はありません．
　これは給電部（点）カップラ方式と呼ばれる方法です．上記の(1)，(2)の方式は，単一周波数帯しか使用できませんが，この方式の場合は，整合素子の*LC*の定数をうまく選べば，広帯域の周波数で整合が可能になります．しかし，整合素子の防水加工に一工夫が必要です．
　古くは，著者がHam Journal No.16 p.54～「14-21-28MHz帯用広帯域ループ・アンテナの実験データ」で，2エレ・キュビカル・クワッド・アンテナの給電部を200Ω平行フィーダーで1.4m延長して，その位置に平衡型のリモート・カップラを挿入して整合する方法を発表しています（**図6-10**）．挿入したカップラ回路は，平衡型のT型カップラと4：1バランの組み合わせです．
　クリエート・デザイン社の80～75m Band用短縮ダイポール・アンテナCD-78シリーズには，5チャネル・リモート・カップラBS81Cがあります．この装置は，リレーでコイル類を切り替えて，瞬時に周波数を変更できるので，DXerにとっては使い勝手が良いようです．
　また，この装置は，1チャネル当たりの使用できる周波数帯域幅は狭いものの，必要最小限のパーツで合理的な回路構成になっています．
　国内QSOのラグチュー派を聞いていると，アマチュア無線の中には，SWRが少しでも高いと気になる方々がおられます．
　80～75mバンド内のどの周波数でも$SWR<1.5$にするためのリモート・カップラを熱心に製作している方もいらっしゃると思います．その中に，太宰氏（JS1RPQ/

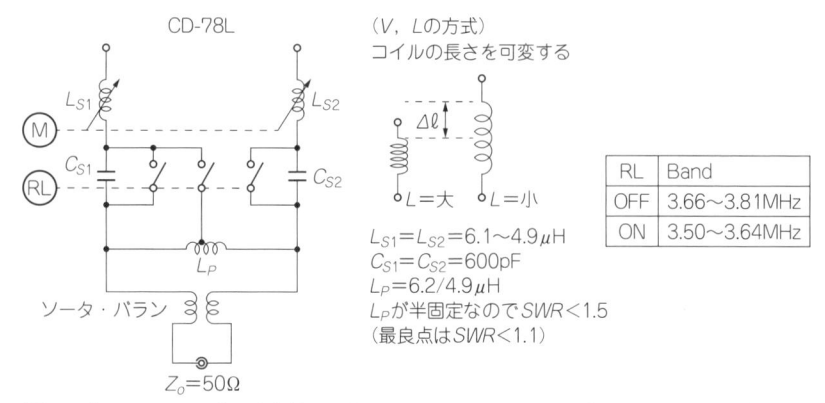

[図6-11] CD-78Lでの使用を前提に設計したリモート・チューニング・アンテナ・カップラの回路例

[写真6-1]
図6-11のリモート・チューニング・アンテナ・カップラの内部のようす
- リレーで80m Bandと75m Bandを切り替えている
- エレメントへ直列に挿入したコイル(L_s)のコイル長を伸ばしたり縮めたりして，インダクタンス(μH)を変化させ，アンテナの共振周波数を調整している
- 給電部に挿入している並列コイル(L_p)により，アドミタンス整合させている．半固定の並列コイル(L_p)を使用し，全周波数帯域のSWRを1.2以内に収めている

JA3DYU)や，加川氏(JA3WAO)らのグループが製作した，リモート・チューニング・アンテナ・カップラがあります．これは1992年頃からProject-Xとして試作され，2008年の80〜75mバンドの拡張時に，ほぼ完成された装置になりました(図6-11，写真6-1)．

その後，藤井氏(JA4DUX)が，Smith V2.03等によりシミュレーションして，回路定数を再考し，加納氏(JA2LUT)らによって改良されたアンテナ給電部カップラは，とても完成度が高い装置に仕上がっています(図6-12，図6-13，写真6-2，写真6-3)．

図6-11，図6-12ともに，エレメントに固定のシリーズ(直列)コンデンサ(C_s)が

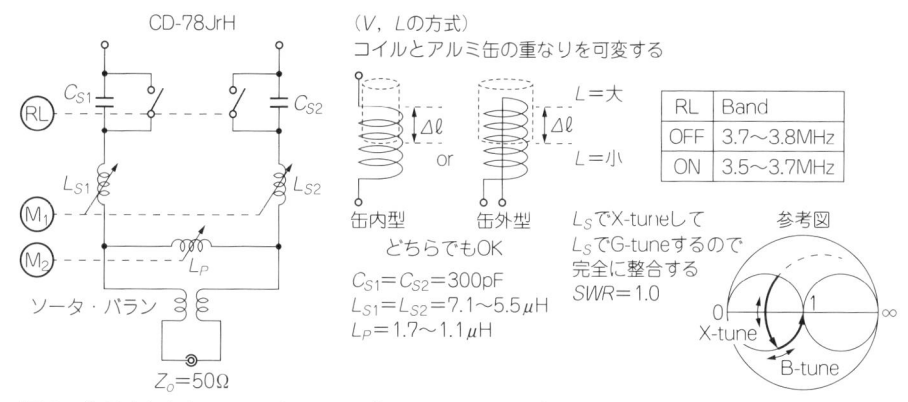

[図6-12] 改良したリモート・チューニング・アンテナ・カップラ回路例

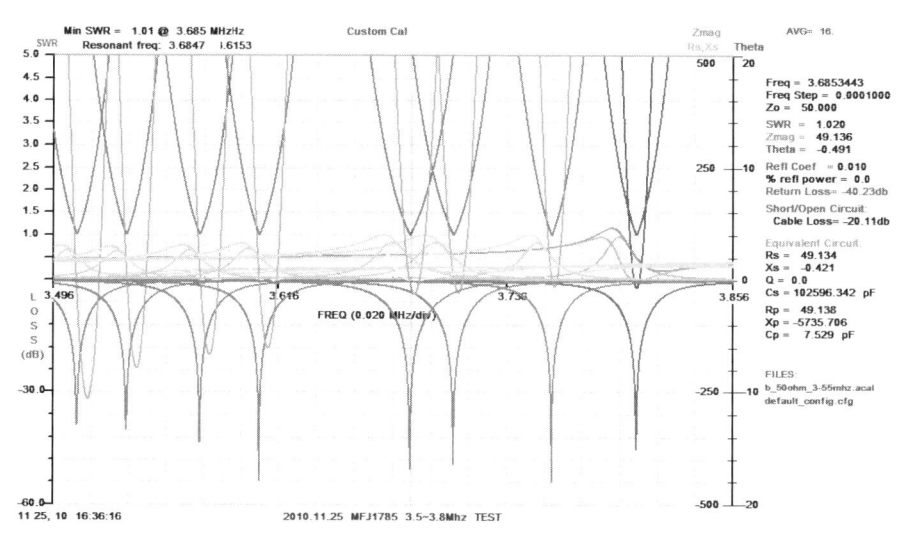

[図6-13] リモート・チューナを連続的に可変したときの8ポイント測定データ. 使用帯域全域で, RL は −40dB 前後になっている

　挿入されています. この C_s は, メーカ出荷時のエレメントのみの共振周波数が3.8MHz付近であるため, カップラ内部の延長コイル分をキャンセルするための短縮コンデンサとして設けられています. アンテナの全長を短く改造すれば同じことですが, アンテナのエレメント長をメーカ出荷時の指示値に手を加えないための工夫だと思われます.

　もし, バリアブル・インダクタ (VL) が, $0\mu H$ から可変できるローラ・インダク

[写真6-2]
リモート・チューニング・アンテナ・カップラの設置例

[写真6-3]
リモート・チューニング・アンテナ・カップラの内部
エレメントに直列に挿入したコイル(L_s)にアルミ缶を被せ、その重なる長さによって、インダクタンスの値を可変している．このバリアブル・インダクタは、インダクタンスの値を大きく可変できる．また、この状態で 1kWクラスの運用も可能．このバリアブル・インダクタにより、コイルをリレー等で切り替える必要がなくなったが、チューニングには少し時間がかかる．給電部に並列接続されているにコイル(L_p)は、大幅にインダクタンスを可変する必要がないので、コイル長を少しだけ可変してアドミタンス整合している．

タのタイプであれば，この直列コンデンサ(C_s)は不要になります．

　直列（シリーズ）回路なので，コイル(L_s)とコンデンサ(C_s)の位置は，前後してもかまいません．

　また，エレメントに直列に挿入した可変(VL_s)と，固定(C_s)で共振周波数を調整していますが，逆に，固定(L_s)とバリコン(VC_s)を組み合わせ回路で共振周波数を調整してもかまいません．

　この場合をシミュレーションすると，固定$L_s=7\mu H$以上のコイルと耐圧2kV以上で容量400pF以上のバリコン(VC_s)の組み合わせで整合できると思われます．しかし，大型バリコンと，それを回転させる方法が大掛かりになり，耐候性も考えると実用性に欠けると思われます．

　各氏関連のホームページ等でも紹介されているので，興味のある方は，Webなどで検索してみてください．これらは，ベクトル・インピーダンス・アナライザ

AIM 4170を使用して整合されています．

> **重要な注意点**
>
> 電波を発射しながらSWRの調整をするのは，好ましくありません．アンテナの場合は，測定器で測ったアンテナ・インピーダンスの静特性と，送信機から電波を発射したときの動特性は同じなので，測定器でアンテナを調整した後に，送信機に切り替えのほうがよいでしょう．

6-1-5 まったく共振していないアンテナの場合

短波帯による無線通信は，季節，時間帯，相手の方角により使用する電波の周波数を選んで通信しなければなりません．

船舶用や軍用の場合，1張りや2張りの限られたアンテナで数波の周波数によって通信するので，アンテナ・チューナが必須になります．

屋外型のアンテナ・チューナが市販されているので，アンテナ直下に設置することが推薦されます．

6-2 エレメント長を可変し，整合素子1個でインピーダンス整合する

> この項の考え方は，「アンテナのエレメントは共振していなければならない」という固定概念を頭から取り除くことから始めます．
> また，連続的なインピーダンスの特性の重要性に気付くことと思います．

共振しているエレメントを，わざわざ長く，または短くして，リアクタンス分（サセプタンス分）を生じさせて，非共振状態にします．そこに整合素子を1個追加して，全体としてインピーダンス（アドミタンス）整合をするという考え方です．何か回りくどいようですが，実に合理的な整合方法です．はじめは理解しにくいかもしれませんが，読み進めていくとわかってくると思います．実は，市販のアンテナの多くがこの方法によって整合をしているのです．

アンテナと給電線との間に，何らかの整合素子を挿入する必要があるとき，給電部に**整合素子を並列に追加するほうが，アンテナの構造上，加工が簡単になります．**

この場合，並列に追加するので，チャート上では，アドミタンスとして処理することになります．給電部に整合素子を直列に挿入する方法，すなわち，インピーダンスとして処理するのは少数派です．八木アンテナの例を紹介します．

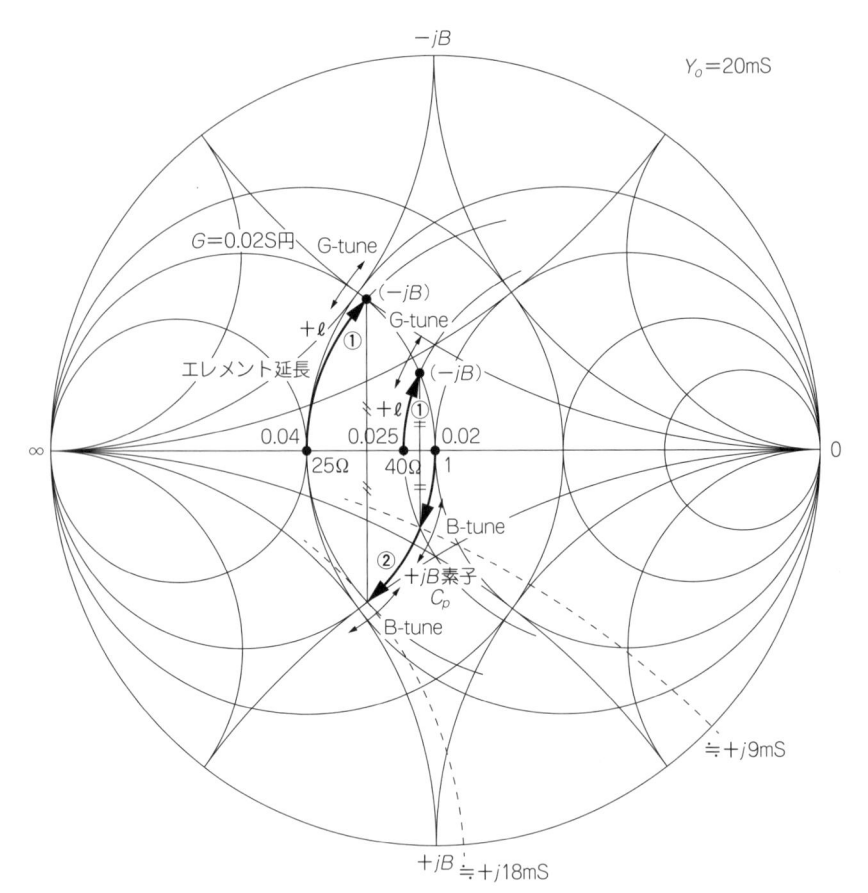

[図6-14] アンテナのエレメント長を少し長くして，並列キャパシタンス(C_p)による整合をした場合

6-2-1 モノポール・アンテナの場合

アンテナの長さ（高さ）を，1/4λの奇数倍とする代表的な接地型アンテナです．
ここでは，1/4λ接地型アンテナ（垂直系とは限らない）を考えます．

1/4λ接地型アンテナの放射抵抗(R)は，エレメントが共振しているとき，波長に対するエレメントの太さの比により異なりますが，(R) = 25～40Ωになります．

並列素子で整合させるので，アドミタンス・チャート上で考えます．(R) = 25～40Ωをコンダクタンスで表せば，(G) = 0.04～0.025Sです（**図6-14**）．

① この1/4λ接地型アンテナの**エレメント長を少しずつ延ばしていく**と，(G) = 0.04～0.025Sだった給電点コンダクタンス(G)が0.02S(G-tune)になる点があります．

100　第6章　スミス・チャートを使ったアンテナのインピーダンス整合

$(G) = 0.02\text{S}$ は，インピーダンスに変換すると $(R) = 50\,\Omega$ です．
このとき，設計周波数では，エレメントが長くなり，誘導性サセプタンス$(-jB)$が生じるので，共振状態から非共振状態になります．

② この誘導性サセプタンス$(-jB)$をキャンセル(B-tune)させるために，給電部に数値が同じ容量性サセプタンス$(+jB)$素子を並列に追加すれば，設計周波数でアドミタンス整合できます．

> 符号の違う同じ数値の誘導性サセプタンス$(-jB)$分に容量性サセプタンス$(+jB)$素子を並列に接続すれば並列共振します．並列共振すれば，サセプタンス分は，差し引かれ(キャンセル)，$(B) = 0\text{S}$ になり，したがって，コンダクタンス$(G) = 0.02\text{S}$ だけが残るので，アドミタンス整合します．これをインピーダンスで考えれば，$(B) = 0\text{S}$ は，リアクタンス$(X) = \infty\,\Omega$ なので，給電部に影響を与えなくなります．したがって，$(R) = 50\,\Omega$ だけが残り，インピーダンス整合します．

容量性サセプタンス$(+jB)$素子として，並列キャパシタンス(C_p)，またはオープン・スタブを並列に追加すれば，アドミタンス整合できます．

並列キャパシタンスとして，バリアブル・コンデンサ(VC)を使用すれば，調整が簡単になります．ただし，エレメントの電流腹部は，大電流が流れるので，耐電流を考慮した部品を選ぶ必要があります．

また，オープン・スタブとして同軸ケーブルを使用しても，ほとんどの場合，うまく処理できると思われます．

アドミタンスで考えると，いとも簡単に整合できました．これをインピーダンスで考えて整合しようとすると，答えを出すまでが極めて複雑になります．

このように，アンテナ整合を解析する場合，インピーダンスよりアドミタンスで行うほうが合理的なことが多いのです．

6-2-2 高短縮率モノポール・アンテナの場合

HFモービル用のアンテナのように，エレメント長をできる限り短くしたい場合の方法です．先ほどの「6-2-1 モノポール・アンテナの場合」とは逆の処理をします．エレメント長は，ローディング・コイルとキャパシティ・ハットにより大幅に短縮できます．これも並列素子で整合させるので，アドミタンス・チャート上で考えます．

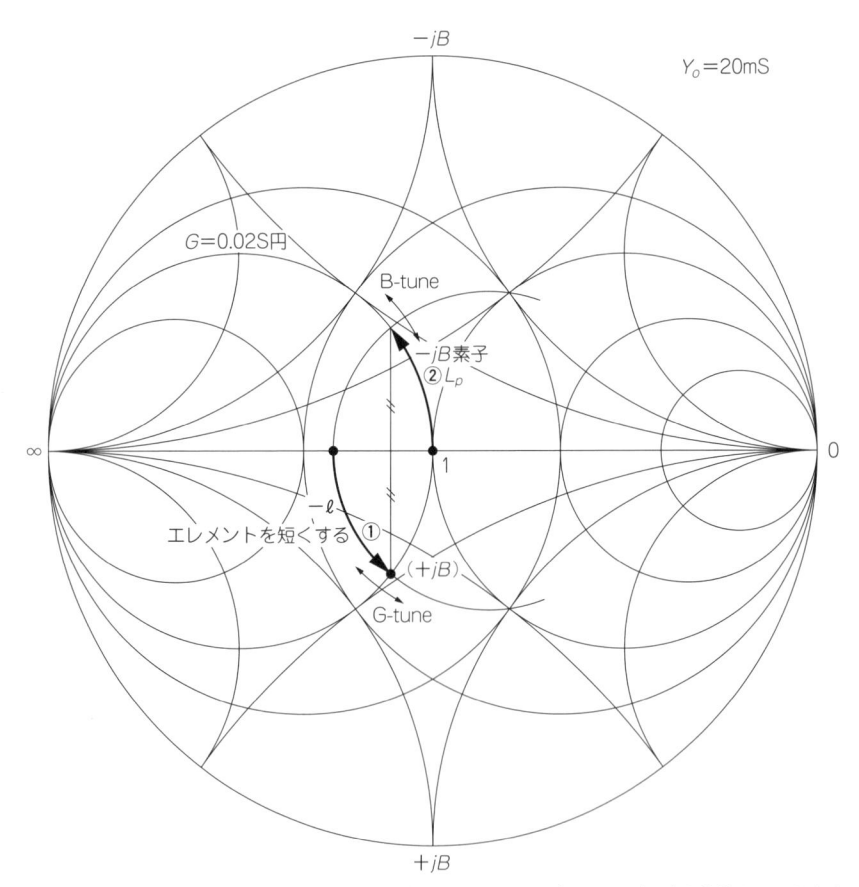

[図6-15] アンテナのエレメント長を少し短くして，並列インダクタンス(L_p)を変化させて整合する場合

写真6-4のようなHFのモノポール・アンテナの場合，ローディング・コイルの抵抗分を含むアンテナ放射抵抗(R)は意外に大きく，約33Ω，これをコンダクタンスで表わせば，(G)＝約0.03Sです(図6-15)．

①エレメント長を短くしていくと，(G)＝0.03S付近だった給電点コンダクタンス(G)が，0.02S(G-tune)になる点があります．

このとき，設計周波数ではエレメントが短くなるので，共振状態から非共振状態になり，容量性サセプタンス($+jB$)分が生じます．

②この容量性サセプタンス($+jB$)分をキャンセル(B-tune)させるために，給電部に数値が同じ誘導性サセプタンス($-jB$)として，並列にインダクタンス(コイル)，

[写真6-4] HF用モービル・アンテナの例(Tarheel Antennas社のModel 100A-HP)

このローディング・コイルはスクリュー・ドライブ方式ともいわれ，スイッチを操作すると，長いコイル部が内蔵されたモータにより上下に移動する．そのとき，コイルの外周側がショート・リングで連続的に下側の太いエレメント用パイプにショートされるので，コイルのインダクタンスを連続的に可変でき，3.2～30MHzまでアンテナの共振周波数を連続的に可変できる．

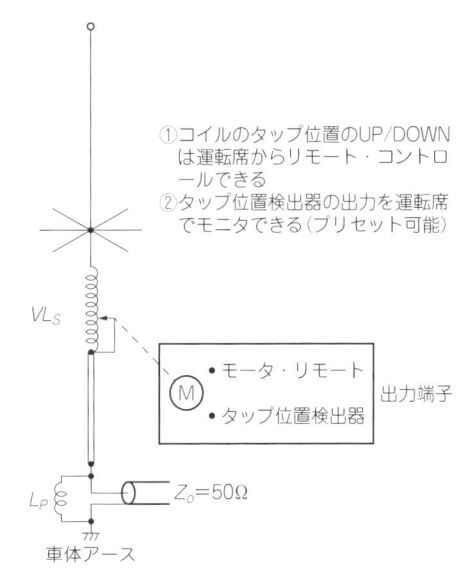

[図6-16] Model 100A-HPのおもな構成

- 周波数の設定は，運転席のスイッチを操作してコイルを上下させて調整する
- カウンタ数値表示のコイルの位置検出器が付いているので，運転席からモニタできる
- プリセットも可能だが，周波数表示ではなくてカウンタ数値表示
- 微調整は，SWRが最も下がる位置でストップすると$SWR \leqq 1.1$にできる

[写真6-5]
Model 100A-HPの給電部のようす
測定器で精密に調整する場合，給電部に並列に接続されたこのコイル(L_p)=2.6μHを微調整すると，3.2～30MHzの全周波数帯域で$SWR=1.06$($RL=30$dB)以下にアドミタンス整合できる

またはショート・スタブを挿入すれば，設計周波数でアドミタンス整合できます．例としてHFモービル用アンテナを取り上げます．

写真6-4は，著者が現用中の，HF帯用モービル・アンテナです．
周波数帯域は3.4～30MHzを連続カバーして，耐入力は1.5kWです．
アンテナを車に設置して，給電部の並列コイルを一度調整すれば，各ハムバンド

6-2 エレメント長を可変し，整合素子1個でインピーダンス整合する | 103

コラム 1
バリアブル・インダクタ(*VL*)について

　良く見かけるのは，ソレノイド・コイル型のローラ・インダクタです．このタイプは，①回転するコイルの外径側を横方向に移動するローラでショートする方式（ハム用では MFJ ENTERPRISES 社の大型カップラ等）と，②固定したコイルの内径側を回転するローラでショートする方式（業務用では JRC 日本無線の短波用送信機等）があります．そして，③スパイラル・コイル型のローラ・インダクタ方式（軍用の一部）もあります．

　これら以外では，④金属円筒と絶縁円筒を横に並べて回転させ，ベルト状のコイルを巻き取るベルトローラ・インダクタ方式があります．また，⑤2個のコイルを重ねて，片方のコイルを磁束軸に対し直角方向に回転させてインダクタンスを加算または減算する方式のバリオメータ型もあります．

　また，記事で紹介したリモート・チューニング・アンテナ・カップラに使用されているバリアブル・インダクタ(*VL*)は，アルミ缶をコイル(*L*)の内側を貫通させる，または，**写真 6-3** のように，外側に被せる方式もあります．それぞれ，⑥アルミ缶部とコイル部との重なり部の長さを可変して，インダクタンス(μH)の値を可変にします．

　動作原理は，円筒形のアルミ缶を幅の広いワンターン・コイルの二次コイルとして考えると，次のようになります．

- この二次コイルには，一次コイルと逆方向の磁束を発生させる方向に電流が流れるので，二つのコイルが重なっている部分の磁束もキャンセルされる．これにより，総磁束数が減少するため，インダクタンスも減少すると考えられます．
- この場合，磁束の遮断によるものではないので発熱は少ない．
- 一本の電線に生じる磁束密度は，電線からの距離に反比例するので，一次(主)コイルとアルミ缶の二次コイルの間隔(ギャップ)は，近いほど効果が大きい．
- 一次(主)コイルとアルミ缶の二次コイルの間隔が接近しているため，一次コイルの線間キャパシタンスは増加するが，インダクタンスの減少の割合の方が大きいので，一次コイルの自己直列共振周波数は高くなる．

　著者が円筒形にしたビールのアルミ缶を流用した実験によると，アルミ缶の内径側に一次コイルを巻いた場合と，外径側に一次コイルを巻いた場合において，コイルはともに8回巻きで，コイル長が45mm，ギャップが1mmです．いずれもインダクタンスは，約3μHから約0.5μHまで，何とインダクタンスの比率が約6倍も可変できました．

　また，ギャップが2.5mmのときは，約3μHから約1μHまで，インダクタンスの比率が約3倍可変できました（当然，外側に一次コイルを巻いたほうが，コイル径が大きいのでインダクタンスも少し大きい）．

でのSWRは低い状態です．周波数によってSWRが高くなるときは，この空芯コイルの長さ（巻き幅）をほんの少し広げるとLの値が少し小さくなり，狭めるとLの値が少し大きくなるのでSWRの微調整ができます．なお，このコイル(L_p)のインダクタンスは約2.6μHです（図6-16，写真6-5）．

ところで，この写真のように，可変コイルの少し上にオプションのキャパシティ・ハットを付けると，最低周波数が，2.67MHzまで下がります．キャパシティ・ハットの効果は抜群です．

6-2-3　ダイポール・アンテナの場合

本章の初めにも記載しましたが，本著はアンテナ製作の本ではありません．アンテナのインピーダンス整合の考え方について説明をしています．記載している数値データは，あくまでも，整合の方法を理解していただくための代表的な値と考えてください．

(Z_a)＜(Z_o＝50Ω)の場合

前項「6-1-1　スタブで整合させる方法」や，「6-1-2　途中に挿入した75Ω同軸ケーブルで整合させる方法」も参照してください．

ここでは，少しだけ具体的な例を考えます．

例えば，3.6MHzのダイポール・アンテナ（含むインバーテッドV型アンテナ）を地上高12～13m高に張った場合，R_aは40Ω前後になり，SWRは約1.25です．このアンテナをアドミタンスのサセプタンス素子で整合させる二つの方法を紹介します．

（1）エレメント長を延長して，C_p（並列コンデンサ）を接続する方法（図6-14 参照）
「6-2-1　モノポール・アンテナの場合」と同じ手法です．

（a）R_a＝約40Ωの場合，3.6MHzでは420pF前後のC_p（並列コンデンサ）を給電部のバランに並列に接続して，エレメントの両サイドを50cmほど延長します．
そして，両サイドを5cm単位で切っていくとSWRがほとんど1になります．
または，
（b）給電部のバランに並列に約380pFのC_p（並列コンデンサ）を接続します．そして，(a)と同じようにいったん延長して切っていくと，共振してR_aは約47Ωになります．このとき，3.6MHzのSWRは約1.06ですが，SWRの低い周波数帯域が(a)の調整より少し広くなります．

細かい記述になりましたが，要するに，給電部のバランに400pF前後の並列コンデンサを接続して，そのコンデンサの値を少し可変させ，エレメントを少し延長

すれば思いのままに整合をとることができます．

(2) エレメント長を短縮してL_p(並列コイル)を接続する方法(図 6-15 参照)

「6-2-2 高短縮率モノポール・アンテナの場合」と同じ手法です．

(a)給電部のバランに並列に約 $4.4\mu H$ の L_p(並列コイル)を接続します．
エレメントの両サイドを5cm単位で切っていくとSWRがほとんど1になります．
または，

(b)給電部のバランに並列に約 $4\mu H$ の L_p(並列コイル)を接続します．
エレメントの両サイドを5cm単位で切っていくと，共振してR_aは約 55Ω になります．

このとき，3.6MHzのSWRは約1.1ですが，SWRの低い周波数帯域が(a)の調整より少し広くなります．

この場合も，給電部のバランに$4\mu H$前後の並列コイルを接続して，そのコイルの値を少し可変させ，エレメントを少し延長すれば思いのままに整合をとることができます．

上記のように，アンテナのインピーダンス(これらの場合はR_a)を測定すれば，何をどのようにすれば整合が取れるのかが，計算やシミュレーションで判明します．

この場合のアンテナ整合は，アドミタンス整合なので，必ずコンダクタンス(G)整合と，サセプタンス(B)整合の2項目を調整しないと完全整合はできません．

負荷インピーダンス(Z_L)がZ_oより低い場合

イミタンス・チャートで見ると，負荷(Z_L)からZ_o方向に整合をする場合は，エレメントの長さ調整がコンダクタンス(G)整合で，スタブ(並列素子)調整がサセプタンス(B)整合になっていることがわかります．

逆方向に，Z_oから負荷(Z_L)の共役点方向に整合をする場合は，スタブ(並列素子)調整がレジスタンス(R)整合で，エレメントの長さ調整がリアクタンス(X)整合になります．

負荷インピーダンス(Z_L)がZ_oより高い場合

負荷(Z_L)からZ_o方向に整合をする場合は，スタブ(並列素子)調整がレジスタンス(R)整合で，エレメントの長さ調整がリアクタンス(X)整合になります．

逆方向に，Z_oから負荷(Z_L)の共役点方向に整合をする場合は，エレメントの長さ調整がコンダクタンス(G)で，スタブ(並列素子)調整がサセプタンス(B)整合に

なります.

頭の中が混乱しそうですが，見る方向(何を基準にするか)が違うので，これで良いのです.

(R)または(G)整合は，(Load-Tune). (X)または(B)整合は，(Phase-Tune)と表現することがあります.

$(Z_a)>(Z_o=50\Omega)$の場合

7MHz帯でダイポール・アンテナを，7～8m以上の地上高に張った場合は，R_aが50Ω以上になります．この場合は，前項のスタブ方式や75Ω系同軸ケーブル挿入方式によって整合することになります．

6-2-4　八木アンテナの場合

次の(A)～(C)は，並列のサセプタンス素子変化させて整合させるので，アドミタンスで考えます.

(A) 放射エレメント長を少し長くする方法

「6-2-1　モノポール・アンテナの場合」と同じ手法です．

八木アンテナの放射抵抗(R_a)は，放射エレメントが共振しているとき，波長に対するエレメントの太さの比により異なりますが，$(R)=25～40\Omega$になります．これをコンダクタンスで表せば，$(G)=0.04～0.025S$です．

八木アンテナの場合も，放射エレメント長を少しずつ延長していくと，$(G)=0.04～0.025S$だった給電点コンダクタンス(G)が，0.02Sになる長さがあります．

このとき，設計周波数では，放射エレメントに誘導性サセプタンス$(-jB)$分が生じるので，放射エレメントは共振状態から非共振状態になります(図6-14)．

この誘導性サセプタンス$(-jB)$分をキャンセルさせるために，給電部に数値が同じ容量性サセプタンス$(+jB)$として並列にキャパシタンス，またはオープン・スタブを並列に追加すれば，設計周波数でアドミタンス整合できます．

すなわち，給電点コンダクタンス$(G)=0.02S$で，サセプタンス$(B)=0$です．これをインピーダンスに変換すれば，放射抵抗$(R)=50\Omega$になるので完全整合します．

(B) 放射エレメント長を少し短くする方法

「6-2-2　高短縮率モノポール・アンテナの場合」と同じ手法です．

放射エレメントを短くしていくと，$(G)=0.04～0.025S$だった給電点コンダクタンス(G)が，0.02Sになる長さがあります(図6-15)．

このとき，設計周波数では，放射エレメントに容量性サセプタンス($+jB$)分が生じるので，放射エレメントは共振状態から非共振状態になります．

この容量性サセプタンス($+jB$)分をキャンセルさせるために，給電部に数値が同じ誘導性サセプタンス($-jB$)として並列にインダクタンス，またはショート・スタブを挿入すれば，設計周波数でアドミタンス整合できます．

(C) トライバンダ型八木アンテナのアドミタンス整合法

ほとんどの多バンド八木アンテナが，上記の「6-2-2 高短縮率モノポール・アンテナの場合」と同じ手法のヘアピン・スタブ（ショート・スタブ）を使って，アドミタンス整合させていますが，これには明確な理由があります．

例として，14MHz/21MHz/28MHz用のトライバンダ型八木アンテナで解析します．ここでとりあげるトライバンダ型八木アンテナは，バンドの中で最も波長の短い28MHzは，エレメントは短縮なしで，ほかのバンドは，エレメントを短縮しています．ブームは，真ん中の21MHzでは，波長に対して適正なブーム長で，14MHzでは短く，28MHzでは長いブームを使っています．

三つの周波数帯で使うことができますが，ブーム長は同じ長さです．すなわち，21MHz帯では適正なブーム長でも，14MHz帯はナロー・スペースになり，28MHz帯はワイド・スペースになります．

エレメント長は，28MHzではフルサイズ，14MHz帯と21MHz帯では，短縮されるので，フルサイズより給電部の放射抵抗（R_a）が多少低くなります．

各バンドの給電部の放射抵抗（R_a）は，14MHz帯が約25Ω，21MHz帯が約35Ω，そして28MHz帯が約40Ω付近になります．

これらを実測およびシミュレーションすると，14MHz，21MHz，28MHz各バンドに**最適なショート・スタブのインダクタンス値が，ほぼ同じ**になります．もちろん，まったく同じ値にはなりませんが，**1個のショート・スタブで各バンドの**SWRが実用上差し支えない範囲に収まります（図6-15）．

前述の「6-2-2 高短縮率モノポール・アンテナの場合」や，多バンド・トラップ・バーチカル・アンテナ場合も，このトライバンド八木アンテナと同じ原理で，コイルを使い，ショート・スタブでアドミタンスによる整合をしていることが理解できます．これは，**極めて合理的な整合方法**といえます．

以上，アドミタンスという面からアンテナの整合を説明してきました．アドミタンスという概念が見えてきたでしょうか？

ちなみに，この並列回路を，インピーダンスで考えると非常に難しくなります．

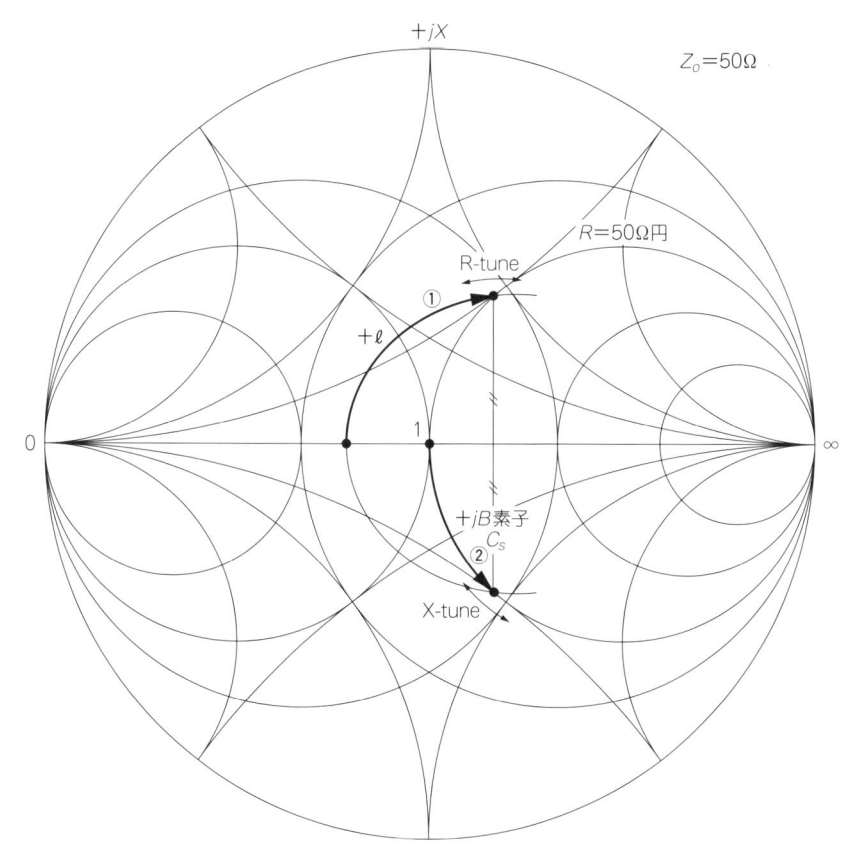

[図6-17] アンテナのエレメント長を少し長くして，直列キャパシタンス(C_s)を変化させて整合する場合のチャート図の例

(D) 直列に入れたリアクタンス素子で整合させるので，インピーダンスで考える

① (A) と同様に，放射エレメント長を少しずつ延長していくと，$(R) = 25 \sim 40\Omega$ だった給電点の放射抵抗(R_a)が50Ω (R-tune)になる長さがあります．
　このとき，設計周波数では，放射エレメントに誘導性リアクタンス($+jX$)分が生じるので，放射エレメントは共振状態から非共振状態になります(図6-17)．

② この誘導性リアクタンス($+jX$)分をキャンセル(X-tune)させるために，給電部に数値が同じ容量性リアクタンス($-jX$)として，直列にキャパシタンス(コンデンサ)(C_s)を挿入すれば，設計周波数でインピーダンス整合できます．
　以前，この方式で整合していた米国製モズレーのクラシック・マッチング型八

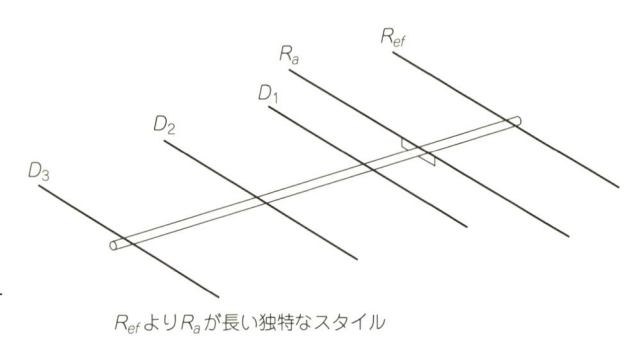

[図6-18]
モズレーのクラシック・マッチング型八木アンテナの全体図

R_{ef}よりR_aが長い独特なスタイル

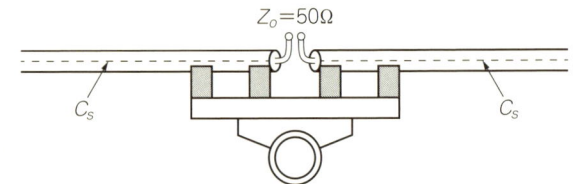

[図6-19]
クラシック・マッチング型八木アンテナの給電部の構造

木アンテナは，輻射器が反射器より長い独特なスタイルで，利得も高く人気がありました（図6-18，図6-19）．

八木アンテナの動作原理のおさらい

　パラティック・エレメントである反射器や導波器の長さは，使用する周波数の波長に対して設計された(**固定された**)長さになります．
①反射器は，**共振エレメント長より少し長くして誘導性リアクタンス分**を持たせ，位相を遅らせます．
②導波器は，**共振エレメント長より少し短くして容量性リアクタンス分**を持たせ，位相を早めます．これら①②の動作により3エレメント八木アンテナとして動作します．
③給電するエレメントは放射器だけですが，この放射エレメントは，**何も共振している必要はありません**．インピーダンス整合が取れていれば，$1/2\lambda$より長くても短くてもかまいません．給電部の電力効率はほぼ同じです．放射器としての利得は$5/8\lambda$まで長いほうが有利です（図1-6）．

　このように，アンテナ全体としてはインピーダンス整合させます．つまり，アンテナ・エレメント自体は，必ずしも共振している必要はありません．

第7章
市販の測定器で何が測れるのか
～ベクトル・インピーダンス計と連続的なデータの重要性～

> ベクトル・インピーダンス計によりアンテナの連続的なインピーダンス特性がわかれば，インピーダンス整合の方法も明確になります．
> 今までのように，SWR計を頼りに経験と勘で闇雲にカット＆トライする必要がなくなります．何をどのように調整するかがわかるので，とても簡単にインピーダンス整合ができるようになります．

7-1 インピーダンスの測定

7-1-1 インピーダンスの静特性を測定する方法

キーサイト・テクノロジー（元アジレント・テクノロジー）の以下の参考資料1は，インピーダンス測定に関してよくまとめられていると思います．ぜひ，一読をお勧めします．

　※参考資料1：キーサイト・テクノロジー（Keysight Technologies；元アジレント・テクノロジー；Agilent Technologies）インピーダンス測定ハンドブック2003年11月版(2-4)
　　http://literature.cdn.keysight.com/litweb/pdf/5950-3000JA.pdf

業務用で本格的にインピーダンスを測定する方法にはいくつかありますが，短波帯以上の周波数帯は(1)ネットワーク解析法と(2)RF-IV法が主流です．

(1) ネットワーク解析法

ベクトル・ネットワーク・アナライザ（VNA）は，$Z_o=50\Omega$の方向性結合器を使い①入射信号と②反射信号の大きさと，①②間の③位相差の反射係数を測定して，負荷（DUT※）のインピーダンスを算出します．

※ DUT（Device Under Test：被測定試料）

この方式の特徴は，$Z_0 = 50\Omega$ の方向性結合器を使って測定していることです．$Z_0 = 50\Omega$ 近傍の測定精度は良いのですが，スミス・チャートで言えば周辺部のインピーダンス測定精度は悪くなります．しかし，使い勝手が良いので広く普及しています．

(2) RF-IV 法

測定器メーカは，ベクトル・インピーダンス・アナライザ(VIA)と呼んでいます．

この測定方法は，負荷(DUT)に加わる①RF電圧と②RF電流，および①②間の③位相差を測定して，負荷のインピーダンスを算出します．

高級機の場合，測定用治具は $Z_0 = 50\Omega$ 以下用と $Z_0 = 50\Omega$ 以上用があり，広範囲のインピーダンスに対して高い精度で測定できます．しかし，非常に高価です．

以下の参考資料2は，インピーダンス測定方法の一つであるRF-IV法について，よりくわしく説明がなされていると思います．こちらも，一読をお勧めします．

※参考資料2：キーサイト・テクノロジー(Keysight Technologies)アプリケーション・ノート 1369-2「RF-IV法によるインピーダンス測定のネットワーク測定法に対する優位性」

http://literature.cdn.keysight.com/litweb/pdf/5988-0728JA.pdf

本書でも紹介していますが，Vector Impedance Antenna Analyzer AIM-4170は，RF-IV法の測定器の中では，比較的安価に入手できます．

なお，本書付属CD-ROM内の「(1)反射係数(Γ)⇔インピーダンス(Z)相互変換の計算マクロ」は，インピーダンスを算出するExcel用のマクロです．マイクロソフト社のExcelがパソコンにインストールされていれば，使うことができるので，ぜひご利用ください．上記(1)ネットワーク解析法は極座標上で，(2) RF-IV法は直交座標上で計算しています．このように間接的に測定して，R と $\pm jX$ の値を計算によって求めます．

7-1-2 インピーダンスの動特性を測定する方法

アンテナ等の受動素子(回路)は，静特性インピーダンスと動特性インピーダンスがほぼ同じです．しかし，電子回路など能動素子(回路)の場合は，多くは静特性インピーダンスと動特性インピーダンスが違った値になります．

動特性インピーダンスを測定する方法は，いくつかありますが，特に大電力高周波回路の場合は，静特性インピーダンスを測定する測定器類が使用できないので，

測定の難易度が高くなります．

なお，簡易的ではありますが，実際に高周波電力が通過している状態で動特性インピーダンスを測定する方法を，第8章「8-2　クロスド・メータ方式のアナログ・インピーダンス・アナライザ」で紹介しています．

また，「8-3-4」で紹介するLP-100Aという製品も，実際に高周波電力が通過している状態での動特性インピーダンスを測定することができます．ただし，リアクタンスの符号判別は自分で判断する必要があります．

7-2　測定用同軸ケーブルの準備

特性インピーダンスの項で説明したように，測定には測定用の同軸ケーブルが不可欠です．測定器に被測定物(DUT)を直接接続して測定することは，ほとんどありません．測定器の特性インピーダンスに合った同軸ケーブルを介して測定するのが普通です．

ベクトル・ネットワーク・アナライザで，Sパラメータなどを測定する場合，毎回，測定に使用する測定用の同軸ケーブルを使って，ショート，50Ω，オープンの3種のキャリブレーション・キットで，正規化インピーダンスの3点を校正します．

理由は，時間経過による温度特性の補正と，測定結果を表示するときに，この測定用同軸ケーブルの電気長を演算で差し引きした値に補正するためです．

このように，測定用同軸ケーブルの電気長は，極めて重要なパラメータです．

測定用同軸ケーブルの電気長は，SWR計や下記の簡易型の測定器で測定する場合も同様に重要です．下記の測定器では，同軸ケーブルの電気長を測定することができるので，必要に応じて，測定周波数に対して，電気長が$\lambda/2 \times N$の測定用同軸ケーブルを用意しておくと，測定結果に惑わされることが少なくなります．

同軸ケーブルを通して見た負荷のインピーダンスは，同軸ケーブルの長さによって変化します．我々がインピーダンスの特性を測定するとき，$\lambda/2 \times N$の測定用同軸ケーブルを使うことにより，負荷インピーダンスの軌跡が，スミス・チャート上で回転するのをあらかじめ防止することができます．厳密に言えば，周辺周波数で多少の誤差が発生しますが，多くの場合，実用上は問題ありません．

また，アマチュア・バンドだけで十分な場合は，周波数が整数倍の関係になっているので，バンド毎に用意しなくても良い場合もあります．

任意長の同軸ケーブルでは，図9-6(b)のように，スミス・チャート図が回転します．

7-3　SWR計でアンテナの共振周波数を探すことは，理論上不可能

　SWR計は，もっとも普及しているアンテナの整合(反射)の状態を知るための測定器です．

　SWRは，高周波機器と伝送線路間，伝送線路と負荷(アンテナ等)間等の，電力伝送部間の整合状態を表すときに使用されます．SWRは**位相特性のない反射情報**を表す一つの方法で，単位はありません．

　第1章や第2章でも触れましたが，一般には進行波電力(P_f)と反射波電力(P_r)を測定して，SWR(単に定在波比)として使用します．

　我々が高周波の諸特性を知ろうとするとき，周波数が高くなればなるほど，測定が難しくなります．高周波の諸特性の中で，比較的精度が高く，かつ簡単に測定できる項目が通過電力です．

$$SWR = \frac{1+\sqrt{P_r/P_f}}{1-\sqrt{P_r/P_f}} \quad \cdots\cdots 式(7\text{-}1) \qquad VSWR = \frac{V_{\max}}{V_{\min}} \quad \cdots\cdots 式(7\text{-}2)$$

　SWRと同じ概念で，VSWRという言い方をすることがあります．

　これは，伝送線路と負荷との間でインピーダンス整合が取れていないとき，伝送線路に定在波が生じます．この電圧定在波の最高値($V_{\max}$)と最低値($V_{\min}$)の比をVSWR(電圧定在波比)といいます(図7-1)．

> 我々は，SWRが低い周波数がアンテナの共振周波数(リアクタンス$X = \pm j0$)に近いことを度々経験します．しかし，上記の式(7-1)と(7-2)の式には，**周波数に関係する変数値(パラメータ)であるf，またはωが入っていません**．したがって，理論上SWRでは共振周波数はわかりません．

　SWR計には，①抵抗ブリッジ型と，方向性結合器で測る方式，②同軸型またはストリップ・ライン検出型，③トロイダル・コアのRFトランス検出型の3タイプがあります(①は反射係数の静特性を，②と③は反射係数の動特性を測定)．

　最近市販されているSWR計のほとんどが，③のタイプです．進行波電力と反射波電力を，二つまたは一つのメータで進行波電力と反射波電力とを切り替えて，電力を読み取り，換算する方式と，進行波電力をフルスケールとして，反射波電力を

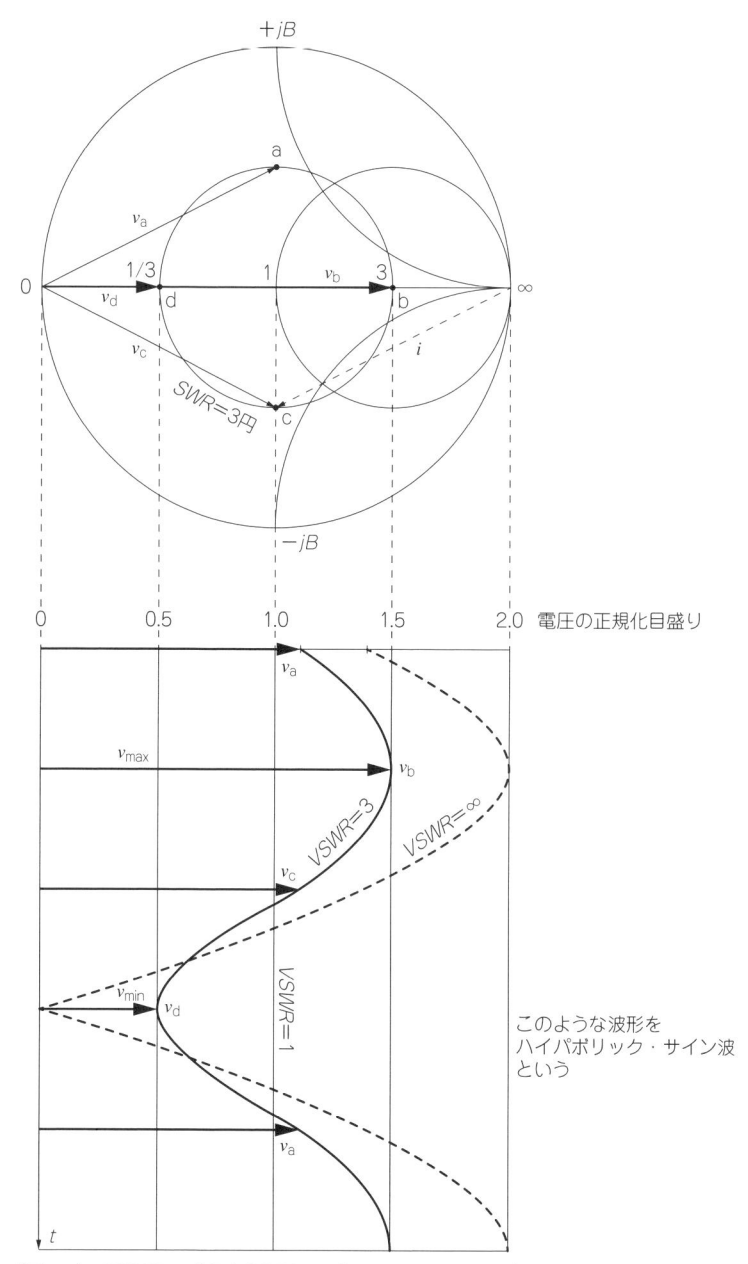

[図7-1] *VSWR*の考え方を図示したもの．オシロスコープでは，下の図の0目盛り線上に鏡を立てたときの波形になる

7-3 SWR計でアンテナの共振周波数を探すことは，理論上不可能

SWR目盛りで直読する方式があります．広帯域で精度が良いものがたくさんあります．

　これらは，方向性結合器で検出した電力をダイオードで整流してメータを振らせるタイプなので，測定するには，ある程度以上の電力が必要です．そのため，おもに送信装置での測定に使用されます．

　このSWRと同じように，**位相特性のない反射情報**を表す方法に，リターン・ロス(RL)があります．単位はdBを使います(反射係数の静特性を測定)．

　この方式は，送信装置を必要としませんが，代わりに受信装置が必要です．簡易な測定方法としては，発信器と測定用のブリッジ，そしてレベルを測定するための受信機という組み合わせで調べます．また，周波数とレベルを直読するためには，発信器として**トラッキング・ジェネレータ**，受信装置として**スペアナ**を使用します．

　位相特性のない反射情報ですが，RLはSWRに比べ高い精度で表示できます．

　SWRとRLは，ともにスミス・チャート上ではチャートの中心点1を中心にした円で表されます．位相特性のない反射情報なので，負荷のインピーダンスは，この円上のどの位置にあるかは判別できません．円の直径が小さいほど整合が良いことを示しています．ベクトル・インピーダンス計は，SWRとRLを高精度で表示します(図2-7)．

　マイクロ波以上の周波数では，高周波の諸特性を測定することが難しいので，高周波特性を表すために**Sパラメータ**いう概念が使われます．そのうち，S_{11}とS_{22}は，反射係数(Γ)の大きさρ(MAG)と位相角度θ(ANG)の2項目で表します．それに対して，SWRとRLは，大きさρ(MAG)だけの反射情報です．

　スミス・チャートは，反射係数を表す極座標上に描かれた図表です．

　SWRとRLも，極座標上で表示されています．すなわち，反射係数(Γ)の大きさρ(MAG)を，別の表現の仕方で表しています．

7-4　メーカ製の測定器を使いこなす

　国内でよく使われている測定器(おもにアマチュア無線用途)では，何がどのようにわかるのかを考えてみます．

(ア) DELICA の AZ-1 HF

　AZ-1 HFは，アドミタンス・ブリッジで測定しています．つまり，インピーダンス($R \pm jX$)を間接的に測定することができます(図7-2，**写真7-1**)．

　測定は，内部VFOを手動で可変して，測定したい周波数帯に合わせます．ブリ

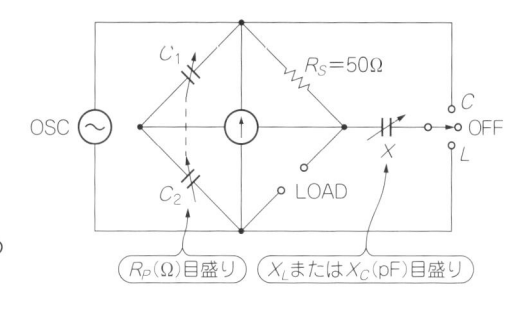

[図7-2]
DELICAのAZ-1 HFのブリッジ部の構成

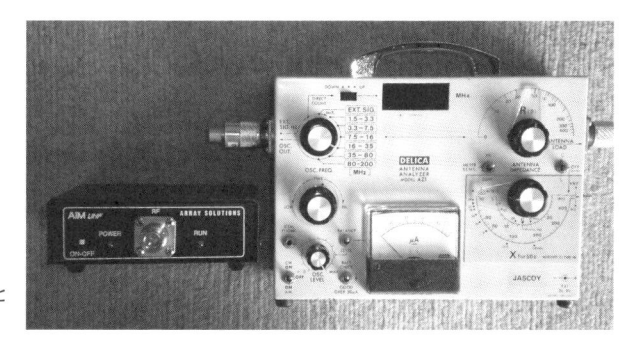

[写真7-1]
DELICA社のAZ-1HF（右）とAIM-4170（左）

ッジの差動VCでコンダクタンス(R_P)を，可変VCでサセプタンス(X_P)を可変して平衡させます．

二つの項目で平衡させているため，完全な平衡を取ることができます．

また，サセプタンス分の誘導性$(-jB)$，または容量性$(+jB)$の判断は，スイッチで切り替えて，簡単に決定することができます．

パネル面の抵抗目盛りは，インピーダンスの(R_S)ではなくて，アドミタンスの(R_P)です．

また，リアクタンス目盛りはなく，サセプタンスのキャパシタンス(C_P)値の目盛りがあります．

したがって，測定結果は，(R_P)並列抵抗値と(C_P)キャパシタンス値で表示され，演算またはスミス・チャート上で作図しなければ，直列回路(R_S, X_S)への変換ができません．

並列→直列変換することにより，リアクタンス分の誘導性$(+jX)$，または容量性$(-jX)$の判別ができるので，結果としてインピーダンス$(R±jX)$を知ることができます（図7-3）．

7-4 メーカ製の測定器を使いこなす 117

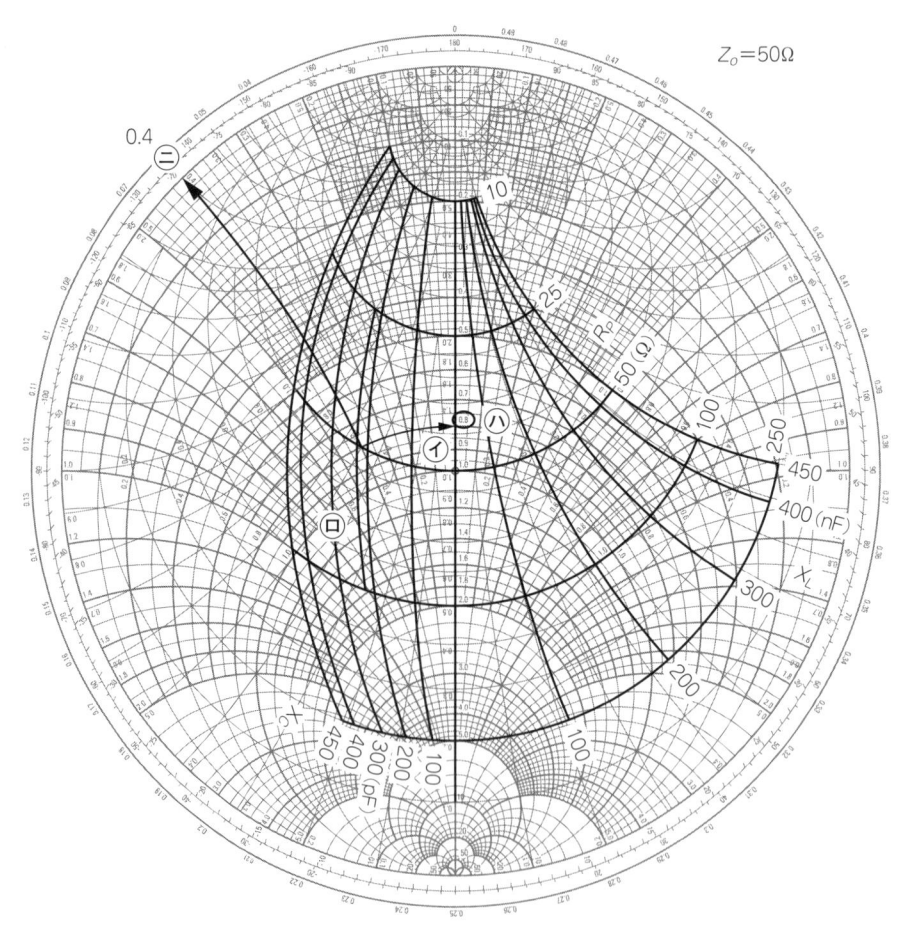

$R_P=50Ω$(イ)曲線上,$X_C=230pF$(ロ)曲線上,(イ)(ロ)の交点Y_a,$Y_a→Z_a$
(ハ)$0.8×50=40Ω$,(ニ)$0.4×50=20Ω$,よって $\boxed{Z_a=40Ω-j20Ω}$ が求める
インピーダンスです.

[図7-3] このチャートに,AZ-1HFのバランス調整用VCと,ザプタンス調整のVCの(pF)目盛りをプロットすれば,インピーダンスを計算なしで表示できる

演算しないでスミス・チャート上でインピーダンスをプロットする方法は,HAM Journal No.99「スミス・チャートを完全マスターする!」をお読みください.

(イ)クラニシの BR-510A(または D)と,コメットの CAA-500

CAA-500は,クロスド・メータ式になっていますが,測定の方式は,ほぼ同じ

スミス・チャート上に，①$|Z|=35Ω$の円弧を描く．次に②$SWR=2.5$円を描く
①と②の交点③が2個所できる．③の位置が求めるインピーダンス(Z)．
しかし，$+j$領域と$-j$領域の二つあるので，どちらかは不要

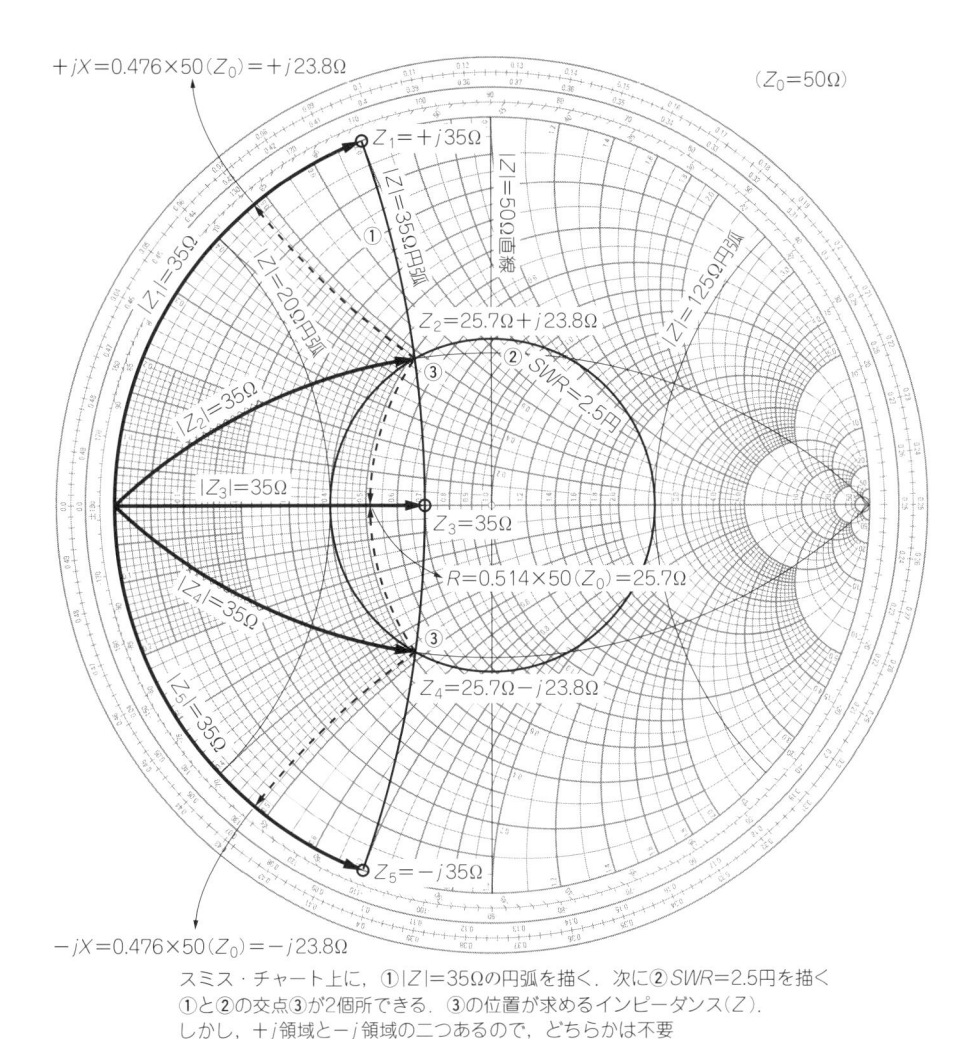

[図7-4]　スミス・チャート上で，等$|Z|$円弧とSWR円を作図して，インピーダンス(Z)のRとXを求める．作図すると，等$|Z|$円弧とSWR円との交点は2個所できる．このどちらかが求めるインピーダンス(Z)の位置になる

です．
　BR-510A（またはCAA-500）は，内部VFOを手動で可変して，測定したい周波数帯のSWRとインピーダンスの絶対値$=|Z|$が測定できます．
　（注意：インピーダンス(Z)$=R±jX$は測定できない）

負荷のインピーダンスが純抵抗の場合は，（アンテナの場合は共振周波数の）$|Z|=R$値がわかります．もし，経験的に負荷のリアクタンス分が誘導性なのか，容量性なのかが判別できるときは，SWRと$|Z|$の2項目をスミス・チャート上で作図すれば，インピーダンスが$(R+jX)$，または，$(R-jX)$を知ることができます（図7-4）．

　ただし，負荷がまったく未知の場合は，負荷のリアクタンス分が誘導性なのか，容量性なのかが判別できないので，インピーダンス$(Z)=(R±jX)$を特定することができません．しかし，測定項目がSWR計より一つ多い分，用途は広がります．

(ウ) MFJ-259B（または269）

　MFJ-259B（または269）は，測定結果はSWRと，$|Z|$を二つのメータによるアナログと液晶パネルによるディジタル表示で，同時にSWRと$|Z|$，jXを表示します．

　ただし，jXは$(±jX)$の判別ができません（図7-4，**写真7-2**を参照）．

　内部VFOは，クラニシのBR-510A（またはBR-510D）と同様に手動で可変して測定します．

　測定している項目は，ほぼ同じです．内部のプロセッサで演算して，液晶パネルに測定値を表示します．

　先ほど，BR-510Dの項で書きましたが，SWRと$|Z|$と$±jX$の判別ができれば，Zがわかります．ところが，この測定器は，直列抵抗(R_S)とリアクタンス(X_S)の値は表示できても，誘導性$(+jX)$なのか容量性$(-jX)$なのか残念ながら判別できません．

— * —

　QST誌のjanuary 2015，p.55～57で，MFJ-223 Vector Impedance Antena Analyzer

[写真7-2]
MFJ社のMFJ-269（右）と
AIM-4170（左）

120　第7章　市販の測定器で何が測れるのか

が紹介されています．これはハンディ型で各種のグラブ等を表示できます．0.5～60MHzの範囲でベクトル測定ができるようになりました．

ここで紹介した測定器は，それぞれに一長一短があります．

紹介した3台とも，内部のVFOを手動で可変するようになっており，アナログ・メータを見ながら測定できます．測定周波数に対する測定結果が，リアルタイムに連続的な変化として目で見えるので，とても使いやすいと思います．

アナログの良さとしてとは，アンテナ等を調整するとき，測定器のメータを見ながら最良点を探しやすいというメリットがあります．

これらは，手動とアナログの良さといえます．何でもがオートマチックとディジタル表示の組み合わせがベストとは限りません．

7-5　|*Z*|と*SWR*から*Z*＝*R*±*jX*を推定する

7-4(イ)の測定器の場合は，まず$|Z|$とSWRの値からRとXの値を求めます．

7-4(ウ)の測定器の場合，RとXの値がわかっているので，解説を7-5-2から読み進めてください．

7-5-1　|*Z*|と*SWR*から*R*と*X*を求める(図7-4)

7-4(イ)の測定器の場合，測定できる項目は$|Z|$とSWRです．

(1)計算により$|Z|$とSWRからRとXを求めます．

$|Z|$とSWRの値から数式によりRとXの値を求める方法を紹介します．

$$R = (Z_o^2 + |Z|^2) \frac{SWR}{Z_o(SWR^2 + 1)} \quad (\Omega) \quad \cdots\cdots 参考文献(1)をアレンジした式$$

$$X = \sqrt{|Z|^2 - R^2} \quad (\Omega) \quad [Z_o = 50\Omega]$$

この計算を，$|Z|$とSWRの値を入力するだけで計算できます．本書付属のCD-ROMに収録してある「Excelの関数計算マクロ」を使って確かめましょう．

計算例として，CQ ham radio 2012年2月号 別冊付録「アイデア満載！ハムのアンテナ製作」にあるコメットCAA-500アンテナ・アナライザ(p.46，写真4)のデータを使ってみます．

$|Z| = 35\Omega$と$SWR = 2.5$から，RとjXを求めてみましょう(図7-5)．

このように，$R = 25.7\Omega$，$jX = 23.8\Omega$と計算できます．

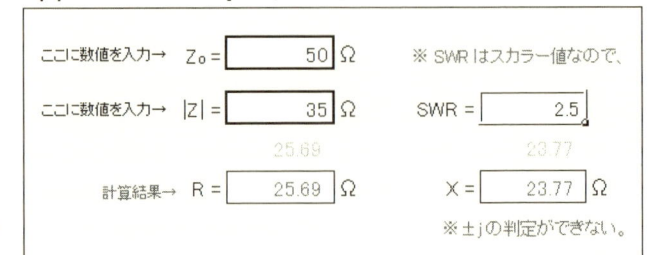

[図7-5]
|Z|とSWRからRとXを求める「Excelの関数計算表」
(図9-11参照)

|Z|とSWRから R と jX を求めます．

ここに数値を入力→ Z_0 = 50 Ω　※SWRはスカラー値なので，

ここに数値を入力→ |Z| = 35 Ω　SWR = 2.5

計算結果→ R = 25.69 Ω　X = 23.77 Ω

※±jの判定ができない．

　図7-4の作図から求めた値と同じになります．
　ところで，Xの値はわかりますが，SWRはスカラ値なので，リアタンス分の誘導性($+jX$)，または容量性($-jX$)の判別はできません．
　この「Excelの関数計算マクロ」を終了するときは，「変更を保存しますか？」-「いいえ」で終了させます．「Excelの関数計算マクロ」の「セル」には数式が入っており，消さないよう保護するために「読み取り専用」にしてあります．
　「セル」を「カーソル」でクリックすれば，「数式」が見える状態にしてあります．興味のある方は，参考にしてください．
　※参考文献(3)：【Micro908 Antenna Analyst】
　　　　　　　　Technical Reference Manual　Revision 4.0　P.6

スミス・チャート上で作図して，|Z|とSWRからRとXを求める

　7-3(イ)の測定器は，|Z|とSWRが表示されるので，その数値を使います．測定用の同軸ケーブル長は，使用する周波数のλ/2(電気長)の整数倍の長さで測定しないと，正しくスミス・チャート上に作図できません．
　まず，インピーダンス|Z|を，スミス・チャート上で作図すると円弧になります．しかし，円弧上のどこの点なのかは不明です(図7-4)．
　次に，スミス・チャート上でSWRの円を描くと，|Z|の円弧との交点が2個所見つかります．これら2点の内のどちらかが，目的のインピーダンス(Z)です．
　それらの点を通るレジスタンス円により，R(25.7Ω)の値がわかります．同様に，それらの点を通るリアクタス円弧により，X(23.8Ω)の値がわかります．しかし，(1)と同様に，リアクタンス分Xが誘導性($+jX$)なのか，容量性($-jX$)なのかはわかりません．

7-5-2　リアクタンス(X)の$\pm j$符号を判別する

　$|Z|$とSWRの値から，RとXの値が求められたので，次に，リアクタンス分Zの誘導性$(+jX)$，または容量性$(-jX)$の判別をします．

　二つの方法，(1)部品を組み込みしないで判別する方法，(2)外付け回路で判定する方法が考えられます．順に見ていきます．

上記7-3(イ)(ウ)の機種で，部品を組み込まずに判別する方法

　各種のアンテナを調べると，$\lambda/4$接地型アンテナ系でも，$\lambda/2$ダイポール・アンテナ系でも，スミス・チャート上の軌跡には共通点があります．共振周波数と共振周波数の±10%前後の周波数間隔を調べると，ほとんどの場合，図7-6のようなα型になります．これは，給電部で測定したときの軌跡です．給電用の同軸ケーブルを通して測定するとき，測定器で同軸ケーブル長を補正(キャンセル)できる場合は，正しく表示できます．

　しかし，補正(キャンセル)できない場合，このα型はスミス・チャート上で回転した形をとるので，アンテナのインピーダンスを正しく表示できません．

共振周波数(f_C)とその前(f_L)・後(f_H)周波数の3ポイントでの考え方

- 共振周波数の少し下の周波数(f_L)では，エレメントが短く見えるので容量性です．すなわち，そのポイントのリアクタンス成分は，$-jX$です．

　図7-7のMarker 1は，3.515MHz，$R_s = 51.972\Omega$，$X_s = -j20.434\Omega$になっています．

- 共振周波数(f_C)では，リアクタンス成分がキャンセルされるので，$\pm j0\Omega$です．

　図7-7のMarker 2は，3.566MHz，$R_s = 50.737\Omega$，$X_s = +j0.021\Omega$になっています．

- 共振周波数の少し上の周波数(f_H)ではエレメントが長く見えるので，誘導性です．すなわち，そのポイントのリアクタンス成分は，$+jX$です．

　図7-7のMarker 3は，3.618MHz，$R_s = 55.572\Omega$，$X_s = +j20.478\Omega$になっています．

　このように，測定する周波数帯で少なくとも3個所以上で，連続的に測定することにより，アンテナのインピーダンス特性の概略がスミス・チャート上で把握できます．

　ほとんどの場合，上記の7-5-1(2)によりスミス・チャート上で$|Z|$とSWRを作図して，7-5-2の考察により，インピーダンス($Z=R\pm jX$)を推定することができます．

(2) 外付け回路で判定する方法

　上記の7-3(イ)，(ウ)で紹介した，クラニシのBR-510A(またはD)や，コメット

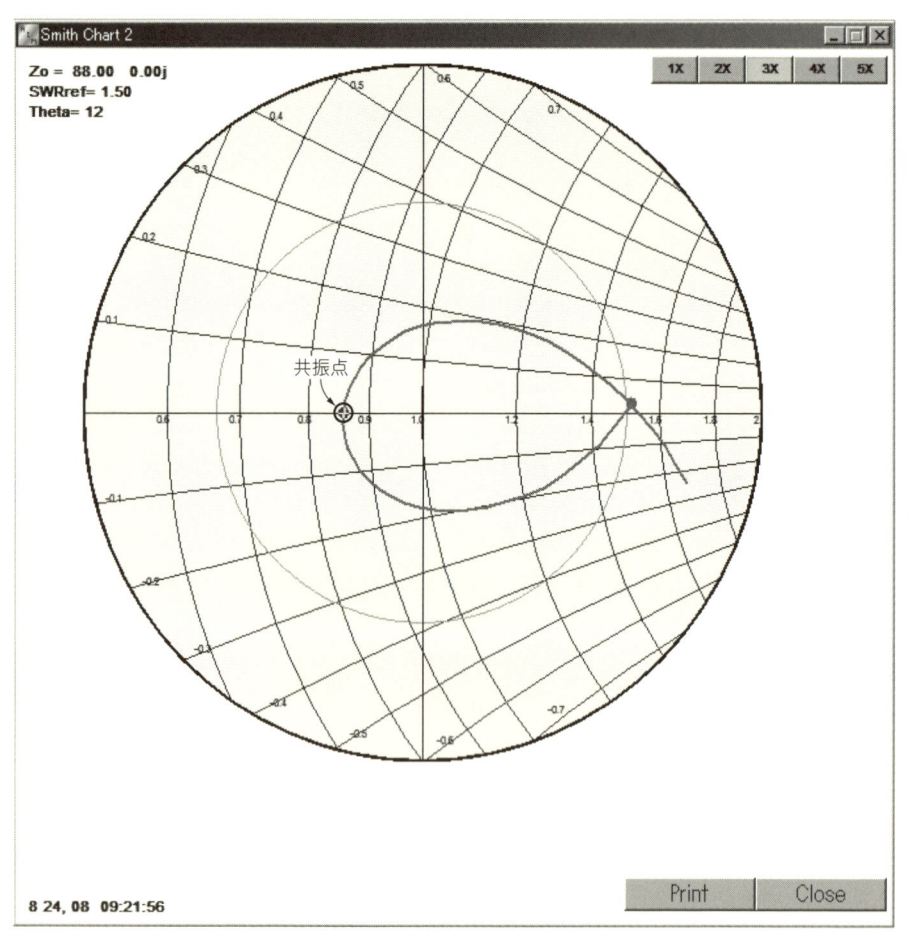

[図7-6] 同軸ケーブルで給電するタイプのアンテナの給電部で連続的なインピーダンス特性をスミス・チャートで見ると，通常はα型に近い形になる

のCAA-500に，可変コンデンサ1個と固定コンデンサ1個を追加して±jを判別する方法です．
追加の回路
　測定回路(ブリッジ)に部品を追加する方法で，もっとも簡単にできる回路を考えてみます．
　このタイプの測定器は，抵抗器を使用したブリッジ回路で，$|Z|$やSWRを測定しています．

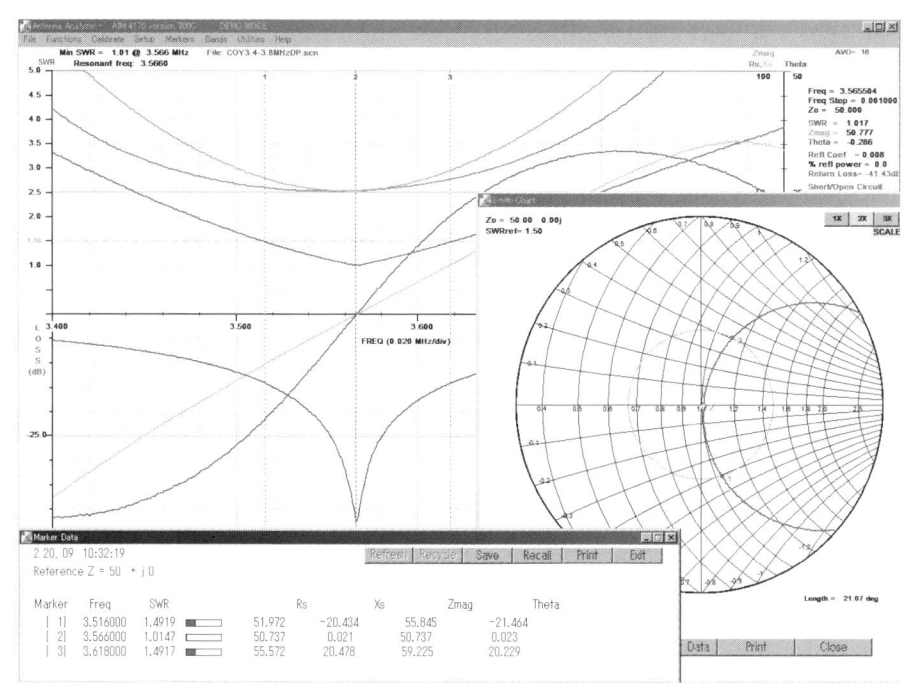

[図7-7] Marker DataのMarker 1〜3の数値に着目．アンテナの共振周波数と前後の合計3個所のインピーダンスがわかれば，アンテナのインピーダンス特性の概略が把握できる

　そこで，測定用端子に可変コンデンサ(VC_p)を並列に追加します．ブリッジの隣のあたりに固定コンデンサ(C_p)を並列に追加します．可変コンデンサを調整して，固定コンデンサ(C_p)と可変コンデンサ(VC_p)が同じ値になったとき，ブリッジ回路の測定値には，何の影響も与えません．

　素子を並列に追加する(アドミタンス解析)方法の利点は，基板上の回路パターンを変更しないで追加できることです(図7-8)．

校正の方法

　①測定端子に50Ωのターミネータ(基準抵抗器)を接続します．
　②可変コンデンサ(VC_p)を可変して，$SWR=1$，$|Z|=50\Omega$ にセットします．

　可変コンデンサ(VC_p)の位置は，一度セットすればどの周波数帯でも，ほとんど同じ位置になります．高い周波数帯などで多少ずれるときは，その都度キャリブレーションします．

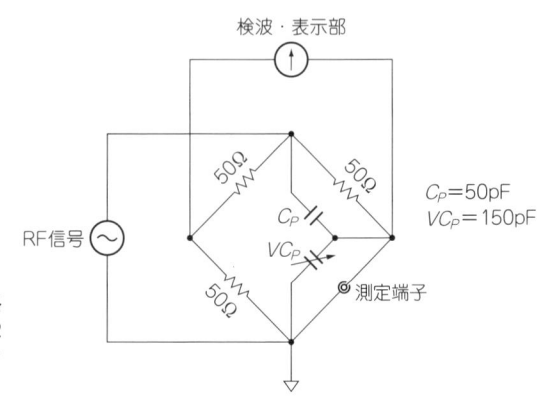

[図7-8]
これら測定器の検出部であるブリッジ回路の概念図．C_pとVC$_p$を追加すると，図7-2と同じ原理でリアクタンス（厳密にはサセプタンス）分の$\pm j$が判定ができる

$\pm jX$判別回路の使い方

①容量が小さくなる方向に可変コンデンサ(VC_p)を回すと，SWRの値が上がります．逆に，容量が大きくなる方向に回したとき，SWRの値が下がれば，そのポイントは，誘導性($+jX$)です．

②容量が小さくなる方向に可変コンデンサ(VC_p)を回すと，SWRの値が下がります．逆に，容量が大きくなる方向に回すと，SWRの値が上がれば，そのポイントは，容量性($-jX$)です．

③どちらの方向に回しても，SWRの値が上がるときは，そのポイントは，$|Z|=$ほぼ純抵抗Rの状態です（リアクタンス分($\pm jX$)＝0に近い）．

> 固定コンデンサと可変コンデンサの挿入位置が逆の場合は，上記の判定も逆になります．
>
> この$\pm jX$判別回路は，メーカ製の計器に回路を組み込むので，自己責任での改造になります．また，組み込みやすいほうの回路をどちらか選んで組み込むことになります．

7-6 インピーダンス測定器用の擬似負荷

　ベクトル・インピーダンス測定器を購入したり，キットを組み上げたりした後，これらを試験的に使う場合，擬似負荷として，手動のアンテナ・チューナ（カップラ）が活躍します．

[写真7-3]
MFJ-969Cの出力コネクタに直接
AIM-4170を接続した状態

　第1章の1-2項を読んで気付いた方もいるかもしれませんが，アンテナ・チューナの送信機(入力)側のコネクタに50Ωのダミー・ロードを接続して，アンテナ(出力)側に測定器を接続します．こうすれば，アンテナ・チューナの整合範囲を擬似負荷として使用できます．
　第1章の1-2項，インピーダンスの**共役**関係を正しく理解するためにも，ぜひ，アンテナ・チューナを擬似負荷としてテストしてみてください(逆に言えば，チューナの整合範囲を測定できる)．
　アンテナ・チューナのアンテナ(出力)側と，測定器の入力端子は，**複素共役**の状態になります．この接続は，波長を無視できる長さの同軸ケーブルを使用します．
　写真7-3はMFJ-989Cの整合範囲を，AIM4170で測定しています．

第8章

ベクトル・インピーダンス測定器
〜専用測定器の自作とキットおよび製品を紹介〜

❖

　この章ではベクトル・インピーダンスを測定する方法についての考え方を説明しています．
　第1項と第2項で自作可能な回路例を紹介し，ベクトル・インピーダンスを測定する方式についての考え方を説明します．
　第3項ではベクトル・インピーダンス計のキットと完成製品を紹介します．

❖

8-1　3メータ方式のアンテナ・モニタ

概　要

　この計器は，測定器というよりもアンテナ・マッチング・モニタです．
　回路構成は，オートマチック・アンテナ・チューナに不可欠な，$|Z|$，ϕ，SWRの三つの検出器からの信号を，三つのアナログ・メータでそれぞれモニタする方式です．
　① $|Z|$計は，Loadセンサからの出力で負荷インピーダンスの絶対値$|Z|$をセンサ・メータで表示します．
　② ϕ計は，Phaseセンサからの出力で負荷インピーダンスの位相$\phi = \pm 90°$をセンサ・メータで表示します．
　③ SWR計は，反射電力センサからの出力でSWRの値を表示します．
　オートマチック・アンテナ・チューナは，これら検出器からの信号により，VLやVCの可変素子をステッピング・モータで回して，チューニングします．
　手動でアンテナ・チューナをチューニングするとき，SWR計だけの場合は，VLやVCの可変素子のツマミを，どの方向に回したら良いか不明ですが，この3メータの場合は，VLやVCの可変素子のツマミをどの方向に回したら良いのかがわかります．

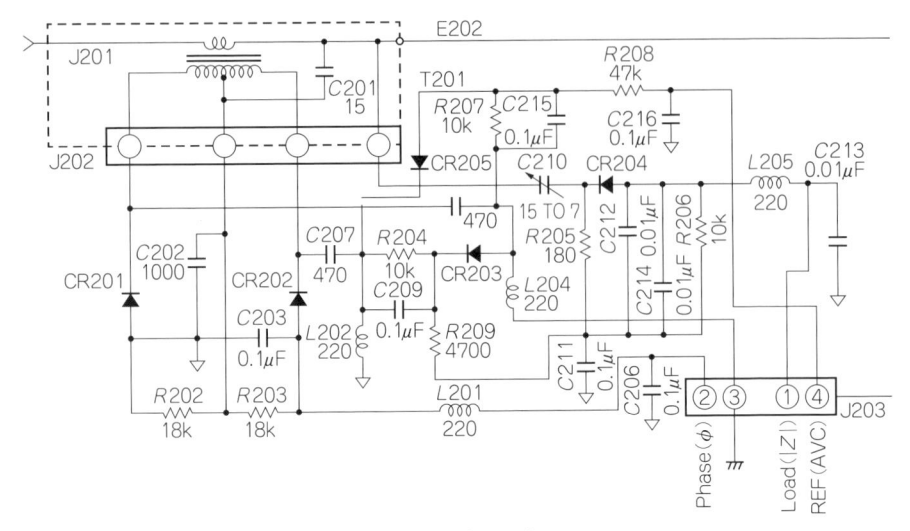

[図8-1] コリンズのオートチューナ「180L-2」の検出部の回路

　VLやVCの可変素子のツマミ表示を，0〜50〜100目盛りではなくて，μHや pF 目盛りにしておくと，その値から逆算して負荷の動特性インピーダンスが換算できます．

　例えば半導体製造プロセス用のAD-TEC Plasma Technology社AMVGマッチャ等では，準リアルタイムで負荷の動特性インピーダンスが換算できるようになっています．

　回路と写真は，著者が1996年に製作した，**3メータ方式のアンテナ・モニタ**です．$|Z|$，ϕ，SWRのそれぞれの値を検出する回路は，コリンズのオートチューナ180L-2の検出部をそのまま使用しています（**図8-1**，**写真8-1**）．

　『別冊CQ ham radio』1994年9月号「アンテナのチューニング技術（p.31〜38）」「コリンズ180L-2にみるオート・チューニング技術」に，各検出部の回路と動作説明があります．

> 📝 この検出部と3個のコリンズ・タイプのメータは，当時アメリカのFair Radioというジャンク業者から通販で買った物です．メータは，3個共に箱入りの新品でした．これは補充用部品だったようです．
> 蛇足ですが，著者はこのコリンズ型のメータが大好きです．

[写真8-1]
3メータ方式のアンテナ・チューニング・モニタ．ディスクリミネータ部はケース内に内蔵している（通過型で動特性が測定できる）

アンテナ等（負荷）のインピーダンス（Z）の特性を高周波電力の大小に関係なく表示できる．
・左の LOAD計は，R_S=50Ω中心に低い，または高いを表示する
・中央の PHASE計は，X_S=0Ω中心に$-jX$または$+jX$を表示する
・右の SWR計は，AVC（REF＝反射波）の出力で SWRを表示する（これは電力により可変する必要がある）

LOAD　　　PHASE　　（反射波電力計）
Z_{mag}計　　ϕ計　　　SWR計

　もし，この回路を自作する場合は，次項のクロスド・メータ方式のセンサを使えば，うまく動作すると思います．
　アンテナの地上高を高くしたり低くしたり，エレメント長を変化させると，各メータが左右に揺れるので，何をどの程度調整したら良いかが一目瞭然です．

8-2　クロスド・メータ方式のアナログ・インピーダンス・アナライザ

概　要
　この計器は，「1．3メータ方式」から発展させて，1個のクロスド・メータを，$|Z|$とθの検出器からの信号で二つのメータを振らせます．
　この計器の最大の特徴は，クロスド・メータの**二つの針が交差する点で，動特性インピーダンスを直接に読み取れる**ことです．

> **この計器のアンテナ調整以外の用途**
> 例えば，これで三極管GGリニア・アンプ入力部の**動特性インピーダンス**を測定できます．つまり，入力回路定数の最適化が容易にできます．
> 一般に送信機のIMD特性は，出力によって変化します．その送信機で一番良いIMDが得られる出力で，リニア・アンプをドライブするのが理想的です．
> そのためには，三極管GGリニア・アンプの入力回路は，L, Cによるπ型L.P.Fよりも，パッシブ型にして，ワット数が大きい抵抗器によるアッテネータ型のインピーダンス変換回路が良いでしょう．リニア・アンプをドライブする送信機の負荷として，抵抗器型アッテネータを使用す

ると，送信機から見た負荷インピーダンスは，いつも純抵抗に見えるので，送信機はいつも理想的に動作することになります．

　回路と写真は，著者が1996年に考案した「クロスド・メータ方式のアナログ・インピーダンス・アナライザ」です(**写真8-2**)．

> 📝 この計器は，1996年度「ハムフェア」の自作コンテストに応募した作品です．

　このクロスド・メータ方式の検出回路は，前項の180L-2の回路と，CQ出版社『ア

[写真8-2]
クロスド・メータによるアナログ・インピーダンス・アナライザの表示部とディスクリミネータ部（通過型で動特性が測定できる）

インピーダンス表示部(左)とディスクリミネータ部(右)
〔クロスド・メータの針の動き〕
・左側の針はLOAD計．左上方向がLo-Z領域で，右下方向がHi-Z領域．
・右側の針は PHASE計．左下方向が$-jX$領域で，右上方向が$+jX$領域．・二つの針が交差する点の変形スミス・チャート図の目盛りから，負荷のインピーダンスがわかる

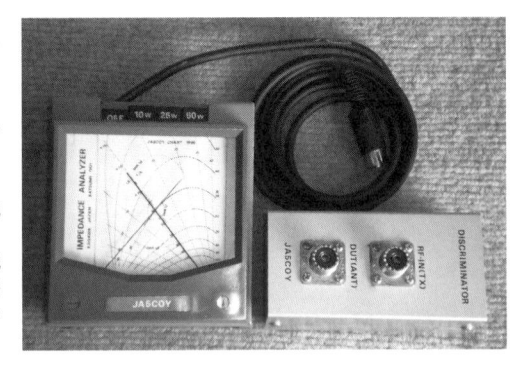

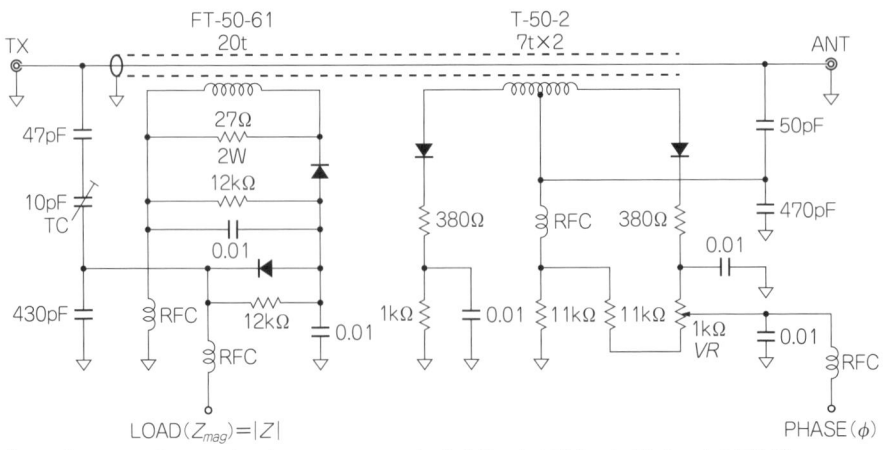

[図8-2] アナログ・インピーダンス・アナライザの検出部であるディスクリミネータの回路例

[写真8-3]
LOADとPHASEと検出部(ディスクリミネータ)の内部

ンテナチューニング技術』p.46～49「オート・アンテナ・チューナの製作」に掲載されていた回路を参考にして，アレンジした回路です(図8-2，写真8-3).

　これも送信機からの出力電力によってメータを振らせています．アンテナ等の動作状態のインピーダンスを測定できます．

　送信機の出力を使う場合，ハム・バンドの帯域外の測定ができません．$|Z|$とθの検出器を高感度タイプに回路定数を変更すれば，VFOやDDSからの信号で測定することが可能になります．みなさんもチャレンジしてみてください．

8-3　ベクトル・インピーダンス測定器の紹介

(※ 価格は原稿執筆時)

　この項では，海外の中小メーカ製で，比較的安価にベクトル・インピーダンス測定できる測定器を紹介します．

　著者は，これらのほとんどの機種を実際に試用してみました．残念ながら，日本製では，これらと同等な製品は見当たりません．

8-3-1　ベクトル・インピーダンス計(キット)

　自作でベクトル・インピーダンス計を作るのは，部品集めも含めて，とても手間がかかります．

　海外では，いくつかのベクトル・インピーダンス計のキットが販売されているので，それらの中から選んで組み立てるのが手っ取り早いし，再現性も良いでしょう．

　A→Z順(※ 紹介した機器は，原稿執筆時の価格です．また，各メーカでの製造

中止などにより，入手できなくなる場合があります.)
(1) USA-QRP クラブのキット AA908/Micro908($230)

この機器は，Palstar(ZM30 Antenna Analyzer)のキット・バージョンで，AM.QRPから入手できます．もちろん，いろいろなサポート付きです．

小さいLCDに，$Z=R±jX$とSWRが数値で表示されます．

http://midnightdesignsolutions.com/micro908/index.html

(2) VK5JST Aerial Analyzer($95)

この値段でベクトル・インピーダンスが測定できます．

小さいLCDに，$Z=R±jX$とSWRが数値で表示されます．

http://www.users.on.net/~endsodds/analsr.htm

8-3-2 ベクトル・インピーダンス計(製品タイプ)

(1) AEA-Technology(VIA $700，VIA Bravo $2,000)

VIA SWR-Analyzerは，かなり以前から輸入されていたCIA-Analyzerの後継機種で，ハイ・グレード・タイプのVIA BravoやVHF用，UHF用もあります．

バッテリを内蔵しており，屋外での使用が可能です．測定結果をLCDパネルにグラフ表示します．

発信部はDDSで，周波数帯はVIAが100kHz～54MHz，VIA Bravoが100～200MHzです．CIA以上の機種は，PCと接続して，PCからの操作と解析結果の表示ができます．

スミス・チャートの表示もできるので便利です．ただし，古いタイプのCIAは，容量性($-jX$)領域の表示が出ません．この機種を国内で取り扱っている販売店もあるようです．

AEA-Technology(VIA，VIA Bravo)のホームページ

http://www.aeatechnology.com/

(2) AUTEK RESEARCH VA1 Vector RX Analyst($199.95)

日本国内でもRF1というタイプが以前から知られています．後継機種のVA1 Vector RX Analystは，その名のとおり，ベクトルで解析するので，インピーダンスの($R±jX$)を知ることができます．発信部はDDSで，周波数帯は0.5～32MHzです．

とても軽量，コンパクトで，屋外での使用も快適です．周波数をスイープしながらの測定もできますが，周波数と測定結果との表示が同時にはできません．この機種を国内で取り扱っている販売店があるようです．

AUTEK RESEARCH(VA1 Vector RX Analyst)のホームページ
http://www.eham.net/reviews/detail/234

(3) Palstar ZM30 Antenna Analyzer($399)

すっきりとしたデザインの機種です．発信部はDDSで，周波数帯は1～30MHz と短波用ですが，周波数と同時にSWRとインピーダンス($R±jX$)を表示できます．

バッテリを内蔵していて，屋外での使用が可能です．また，シリアル・ポートからソフトウェアをアップグレードできます．

Palstar(ZM30 Antenna Analyzer)のホームページ
http://www.palstar.com/

(4) Rig Expert AA-54($300)

周波数別に，数種類のタイプがあります．

小さいLCDに，$Z=R±jX$とSWRがグラフと数値で表示されます．
http://www.rigexpert.com/index?s=aa54&f=main

(5) TIMEWAVE TZ-900($999.98, 写真8-4)

2006年にQST誌などに広告が出てきたハンディタイプです．電池で駆動できるタイプで，外部にPCを接続しなくとも，本体のカラーTFTで直接にスミス・チャートの表示ができます．発信部はDDSで，周波数帯は0.2～55MHzです．

スミス・チャートの表示画面が小さくて見にくいのですが，この大きさなので仕方ありません．この機種を国内で取り扱っている販売店があるようです．

TIMEWAVE(TZ-900)のホームページ
http://www.timewave.com/support/TZ-900/TZ-900.html

(6) VK5JST Aerial Analyzer($145)

完成品タイプ．この値段でインピーダンス($R±jX$)が測定できます．

VK5JST(Aerial Analyzer)のホームページ
http://www.users.on.net/~endsodds/analsr.htm

(7) W5BIG Vector Impedance Antenna Analyzer AIM-4170($400)

2006年にQST誌などにくわしい記事が掲載されていました．

発信部はTwin-DDSの独特な回路で，周波数帯は0.1～170MHzです．TIMEWAVEとは逆で，操作も測定結果の表示もすべてPCに接続して使用するタイプです．

何といっても，ベクトル・ネットワーク・アナライザと同様に，ショート・オープン・基準抵抗でキャリブレーションできるので高精度です．

測定結果は，AVG(アベレージング)のおかげで滑らかな曲線になります．周波数のステップを細かくすれば，当然ですが，比例して測定時間は長くかかります．

測定精度は，自社のHPで紹介しているように本格的ベクトル・ネットワーク・アナライザ(VNA)と同等です．周波数は範囲が狭いだけです．
　実は，RF I-V法で測定しているので，理論上，スミス・チャートでいえば，周辺部の測定はネットワーク・アナライザより高精度です．
　最新バージョンはAIM-4170Dです．また，1GHzまで測定できるAIM UHFも発売になっています．
　取り扱いは，ARRAY SOLUTIONS社です(**写真8-5**)．
　著者は，キーサイト・テクノロジー(元アジレント・テクノロジー)のVNAを使える環境にいますが，AIM-4170は本格的な測定器と評価しています．VNAとAIM-4170とを対等に使い分けています．
　W5BIG(Vector Impedance Antenna Analyzer　AIM-4170)のホームページで紹介されているので参考にしてください．
　　http://w5big.com/index.htm

その他のインピーダンス計
(1) Palomar Engineers R-X Noise Bridge
　この機種は国内でも古くから使われています．受信機に接続して測定するノイズ・ブリッジ・タイプで，実はリアクタンス(X)分の$+jX$，$-jX$判定ができる優れものです．

8-3-3　簡易型ベクトル・ネットワーク・アナライザ
　S_{12}やS_{21}の伝達特性を測定したい場合は，2ポートのベクトル・ネットワーク・アナライザ(VNA)が必要になります．
(1) ARRAY SOLUTIONS　Vector Network Analyzer VNA-2180($1,524)
　設計者は，AIM-4170と同じW5BIGです．
　周波数範囲は0.5～180MHzと狭いですが，本格的なベクトル・ネットワーク・アナライザと比較して遜色がない測定ができます(**写真8-6**)．
　ARRAY SOLUTIONS(AIM-4170C，VNA-2180他)のホームページ
　　http://arraysolutions.com/pricelist.htm#VNA
(2) mRS miniVNA($400)
　周波数範囲は0.2～120MHzと狭いのですが，ベクトル・ネットワーク・アナライザとして測定ができます．
　mRS(miniVNA)のホームページ
　　http://www.miniradiosolutions.com/

[写真8-4]
TIME WAVE社のAntenna Smith(左)は，PC不要で本体だけでスミス・チャートを簡易表示できる．右はAIM-470

(3) Tentec TAPR Vector Network Analyzer($665)

周波数範囲は0.2～120MHzと狭いのですが，Sパラメータ測定がこの値段でできるということは驚きです．

```
https://www.tapr.org/kits_vna.html
http://www.eham.net/reviews/detail/5436
```

8-3-4 電力通過形のインピーダンス計
(1) N8LP LP-100A Digital Vector Wattmeter 電力通過形($422，写真8-7)

上記(1)～(5)のタイプと違って，電力通過形の電力計に内蔵されたベクトル・ネットワーク・アナライザです．高周波検出部は別ケース・タイプで完成品とキットがあります．

コラム 2

SWR 特性の最適化と「こだわり」の *SWR* = 1.0

「こだわる」とは，「しょうもないことに，こだわるな！」と，本来は否定的な時に使う言葉でした．

ところで，*SWR* = 1.0 に，「こだわる」必要があるのでしょうか？ *SWR* = 1.0 という状態は，電子回路の「前段と次段」間のインピーダンス整合が取れて電力伝達率が100％になる状態です．

電力伝達率は，*SWR*＝1.5 で約 96％(－0.18dB)，*SWR*＝2 で約 90％(－0.46dB)，*SWR* = 3 で約 75％(－1.26dB)です．これが送信機とアンテナの接続部の場合，実際には，相手局に届く電波の強さは，ほとんど変わりません．受信機の S メータの振れでは判断が付かないほどの差となります．

[写真8-5] ARRAY SOLUTIONS社のAIM-UHF（上）とAIM-4170（下）

[写真8-6] ARRAY SOLUTIONS社のAIMシリーズ（下）とVNA-2180（上）は2ポートのベクトル・ネットワーク・アナライザ

[写真8-7] LP-100 Digital Vector Wattmeterの表示部（左），検出部（右）は別ケースになっている（通過型で動特性が測定できます）
N8LPのLP-100A
・左の写真は操作部と表示部
・右の写真は検出部
　左のコアは(e)検出器，右のコアは(i)検出器．e/iで$|Z|=Z_{mag}$は数値を表示する．Xの$+jX$，$-jX$判定はできない

　本機の特徴は，何といっても8-3で著者が試作した「アナログ・アンテナ・アナライザ」と同様に，動作状態（実際に電力が通過中）の負荷のインピーダンスを測定できることです．
　この機種のソフトが完成されていないので，残念ながらリアクタンス(X)の±jの自動判定ではできません．表示ソフトで手動で処理します．
　この機種は，通過型のPower/SWR計の中でも優秀な製品の一つです．

● N8LP（LP-100A Digital Vector Wattmeter）のホームページ
　　http://www.telepostinc.com/

　上記以外にも，まだいくつかの機種がネット上で発見できます．
　下記のURLで検索してください．各機種の評価が掲載されているので，たいへん参考になります．
　　http://www.eham.net/reviews/products/31

パソコンでスッキリ！電波とアンテナとマッチング

第9章
本書付属CD-ROMについて

収録しているシミュレーション・ソフトの使い方

　付属のCD-ROMには3種類のシミュレーション・ソフトと筆者が作ったExcelの関数計算マクロを3本収納しています．

　シミュレーション・ソフトは，筆者が国内外のスミス・チャート関連の各種のソフトを試用して，操作性と実用性の高いこれら3種類を厳選しました．それぞれのソフトは，下記の開発者各氏より本書への収録許可を得ています．

(1) AIM-4170用ソフト

　Bob Clunn氏(W5BIG)から提供されたAIM-4170シリーズ用のソフトです．

　AIM-4170のソフトAIM_865Aは，パソコン内にフォルダごとコピーするだけで，準備は完了です．あとは，アプリケーション・ソフトのアイコン(AIM_865A.exe)をクリックすれば動作します．

　AIM-4170本体がない場合は，Demo Modeでシミュレーション・ソフトとして動作を体験できます．スミス・チャート関連のRFシミュレーション・ソフトとしても優秀です．

　最新ソフトは，下記のW5BIGのホームページからダウンロードできます．

　　http://w5big.com/index.htm

(2) Quick Smith(qsmith.zip)

　Nathan Iyer氏(KJ6FOJ)から提供されたフリー・ソフトウェアです．

　zipファイルを解凍(展開)し，パソコンにインストールして使用してください．

　このソフトは，マウスで回路素子の値を自由に変化させることができます．そして，スミス・チャートでその変化の動きを見ることができます．

　次に紹介するSmith V3.10で整合回路とその素子の値を決めて，このソフトでシミュレーションする，という使い方をします．また，マッチャの整合範囲などを解析することもできます．

収録しているシミュレーション・ソフトの使い方 | 141

第5章では，このソフトを使ったシミュレーションで回路素子の動きを体験します．最新のソフトは，下記からダウンロードできます．
  https://github.com/niyeradori/quicksmith/blob/master/QSSetup_501.zip

(3) Smith V3.10(Setup Smith V3.10.zip)
　Fritz Dellsperger(HB9AJY)氏が公開しているシェアウェアです．zipファイルを解凍して，パソコンにインスールしてください．著者はライセンス版を使っていますが，フリー版でも十分な実用性があります．
　スミス・チャートの画面を見ながらマウスを動かすだけで，回路素子の値を決定できます．
　このソフトは，インピーダンスの整合回路と，その素子の値を決めるのにたいへん有効です．
　第6章では，このソフトを使ったシミュレーションで，アンテナ整合を実証します．最新のソフトは，下記のHB9AJYのホームページからダウンロードできます．
  http://fritz.dellsperger.net/

AIM-4170用ソフトのDemo Modeを体験する方法

(1) ソフトの起動
　AIM_865A.exeをクリックしてソフトを起動させます．
　ハードウェアが接続されていないので警告文が出ますが，OKをクリックすると「Demo Mode」で起動します(図9-1)．
　このときに，画面の左上に赤字で「Could not open Comm port」と表示されますが，これも本体を接続していないから表示されますが，ここでは無視します．

(2) Demo Modeの使い方
1. サンプルファイルの呼び出し

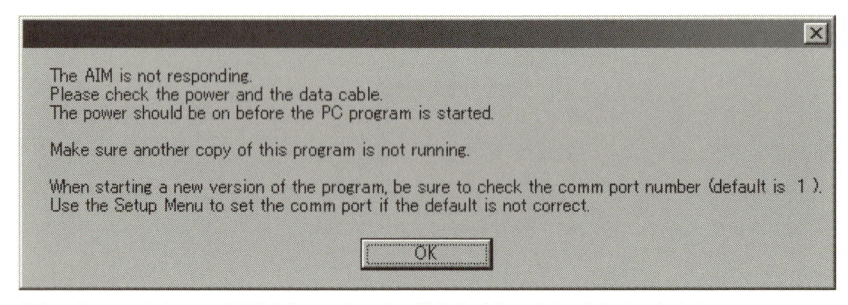

[図9-1] ハードウェアが接続されていないため警告文が出るがOKをクリックする

① 画面上部コマンドの $\boxed{\text{Files}}$ をクリックします．
タグが下がるので，一番上の $\boxed{\text{Load Graph}}$ をクリックします．
② $\boxed{\text{Load Scan File}}$ の別ウィンドウが開きます．ファイルの場所(I)の枠内が $\boxed{\text{Scan files}}$ になっていると，SCN ファイルが並んでいるので，見たいものを選択してクリックします．もし，このときに，枠内が $\boxed{\text{Scan files}}$ になっていない場合は，$\boxed{\blacktriangledown}$ をクリックして $\boxed{\text{Scan files}}$ を探します．
③ 画面のグラフに数本の曲線が画かれます．マウス・ポイントを動かすと青線のカーソルが画面を左右に動きます．このとき，画面左のデータ欄にある各項の数値が，それぞれ変化します．
④ このとき，表示された画像が，グラフがサンプル画像と異なる場合は，画面上部コマンドの $\boxed{\text{Setup}}$ をクリックします．タグが下がるので，一番上の $\boxed{\text{Plot Parameters}}$ をクリックすると，$\boxed{\text{Parameters to Plot}}$ の別ウィンドウが開きます．
⑤ 表示したいグラフの□の中をクリックして，$\boxed{\text{OK}}$ をクリックすると，画面にグラフが追加されて表示されます．
通常は，SWR, Return Loss, Zmag, Series Load(RsXs), Phase を表示させると良いでしょう．

2. スミス・チャートを別ウィンドウで表示させる

① 画面下部コマンドの $\boxed{\text{Smith}}$ をクリックします．グラフ画面に重なって，別ウィンドウでスミス・チャート画面が表示されるので，見やすい位置に持っていきます．
② グラフ画面上のカーソルをマウスで動かすと，スミス・チャート画面上の赤いポイントが同期して動きます．マウスを止める位置の微調整は，左・右キーをクリックします．

3. Marker を表示させる

① グラフ画面上のカーソルを見たいポイントで止め，マウスを右クリックすると Marker のウィンドウが現れます．Marker Freq(MHz) の $\boxed{\text{枠内に数値}}$ が適正であれば，そのまま $\boxed{\text{Insert}}$ をクリックします．数値を変更したい場合は，$\boxed{\text{枠内に数値}}$ を入力して $\boxed{\text{Insert}}$ をクリックするとグラフ画面上とスミス・チャート画面上にマーカが表示されます．
② スミス・チャート画面下部の $\boxed{\text{Marker Data}}$ をクリックすると，別ウィンドウでマーカの周波数毎に，個別の各項目の数値データが表示されます．
③ マーカを消したいときは，グラフ画面上の青点線を右クリックします．すると Marker のウィンドウが現れます．そして $\boxed{\text{Remove}}$ をクリックするとその位置

のマーカが消えます．
または，上コマンド内のMarkersから Clear All Markers で全部を消すことができます．

上記が基本の操作です．Demo Modeでも使えるコマンド（操作項目）がたくさんあるので，後は各自でいろいろと試してみてください．
きっと**連続的なインピーダンス特性のデータが重要である**ということが体験できると思います．
このように，グラフ画面上の数個のデータ（数個の曲線）をスミス・チャート画面上では一本の曲線で表すことができるのです．実に快適です．

AIM-4170本体がなくても利用してみてほしいDemo Mode

「Scan files」フォルダ内にあるAIM-4170で測定したデータの内容について説明をします．
(1) 約33m長の同軸ケーブル5D-2Vの先端をショートしてショート・スタブを作り，そのインピーダンス特性を測定してみます．
- グラフ画面を見ると，1/4λ毎にインピーダンスが高い状態と低い状態を繰り返しています．紫色のTheta（位相）曲線が下から上方向に通過するポイントが，直列共振周波数です．上から下方向に通過するポイントが並列共振周波数です．グラフの左上にある Resonant freq: に共振周波数が表示されます．
- スミス・チャート画面を見ると，右回りにくるくると回りながら，高い周波数になるほどケーブルに損失があるので少しずつ中心方向に近づきます（図9-2）．
(2) 約33m長の同軸ケーブル5D-2Vの先端をオープンにしてオープン・スタブを作り，そのインピーダンス特性を測定してみます．
- (1)の画像と重ねると，直列共振周波数と並列共振周波数とが同じ周波数で反転していることがわかります．
- 同軸ケーブルの短縮率を測定できます．また，1/2λ長のケーブルは，mmオーダで測定できます（図9-3）．
(3) 第7章(2)のHFモービル用アンテナを3.604MHzに設定したときのデータです．
- このように極めて精密に整合を取ることができるので，RLを-40dB以上，SWRを1.02以下にすることができます（図9-4）．
(4) 上記アンテナのコイルを縮めて，7.098MHzにセットしたときのデータです（図9-5）．

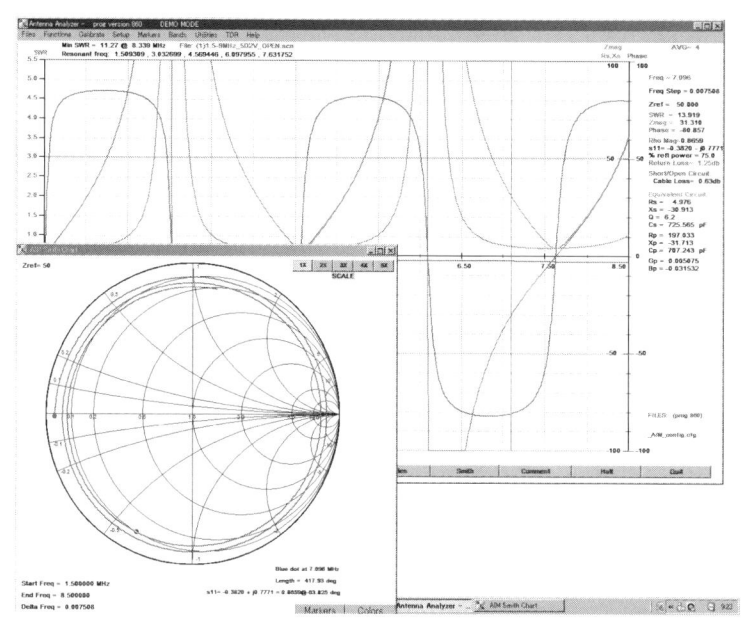

［図9-2］　約33m長の5D-2Vで作ったショート・スタブのインピーダンス特性

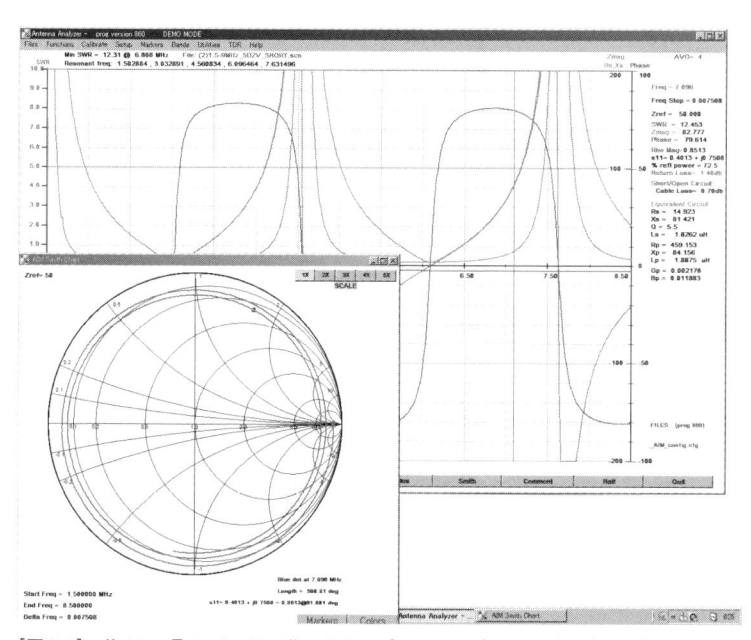

［図9-3］　約33m長の5D-2Vで作ったオープン・スタブのインピーダンス特性

収録しているシミュレーション・ソフトの使い方 | 145

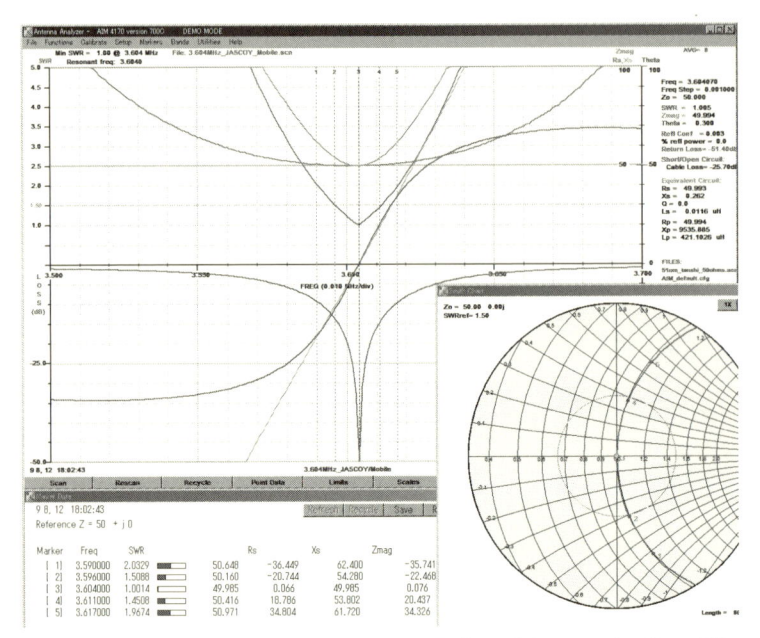

[図9-4] HFモービル用アンテナを3.604MHzに設定したときのインピーダンス特性

- 給電部の並列コイル(L_p)は(3)のときのままでも，RLは-37dBほどです．ほんの少しコイルを調整すれば，簡単にRLを-40dB以上にできますが，このままで必要十分な値です．
  むしろこの状態のほうが，R_aがZ_oより少し低いため，SWRの低い帯域が広いのです．
(5) 3.5MHzダイポール・アンテナを作成後，無調整で測定したときのサンプル・データです（**図 9-6**）．
- 同軸ケーブル長を適正化していないので，スミス・チャートのα型が回転しています．
  紫色のTheta（位相）曲線が下から上方向に通過するポイントがアンテナの直列共振周波数(3.42MHz)です．SWRの最低周波数(3.48MHz)とズレて見えます．
(6) **図 9-7**は，地上高18mHの3.5MHz用ダイポール・アンテナを精密に調整した後の連続的なインピーダンスです（**図 9-7**）．
- (3)と同様にRLを-40dB以上，**SWR**が1.02以下に整合されています．
- R_aが50.7Ωなので，46Ωくらいに設定すると，SWRの低い帯域が広がります．

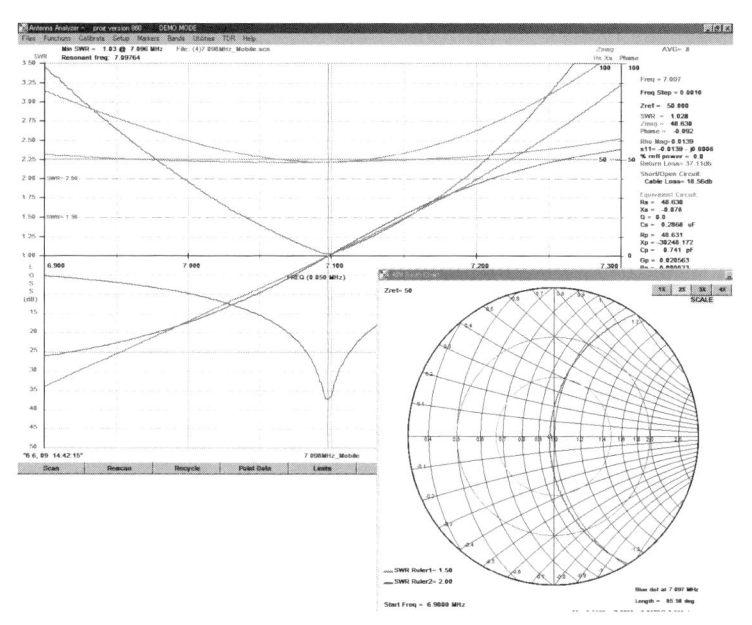

[図9-5] HFモービル用アンテナを7.098MHzに設定したときのインピーダンス特性

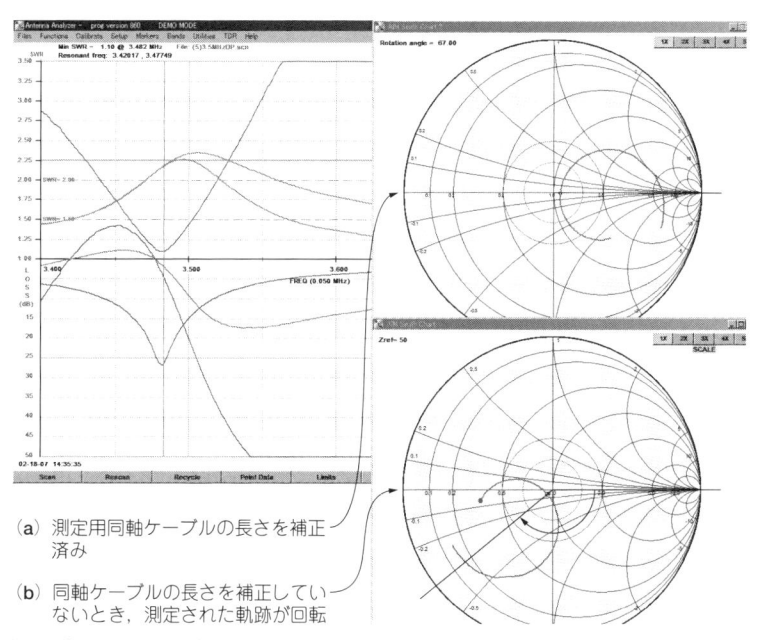

(a) 測定用同軸ケーブルの長さを補正済み
(b) 同軸ケーブルの長さを補正していないとき,測定された軌跡が回転

[図9-6] 3.5MHz用ダイポール・アンテナを作りっぱなしで測定したときのサンプル・データ

収録しているシミュレーション・ソフトの使い方 | 147

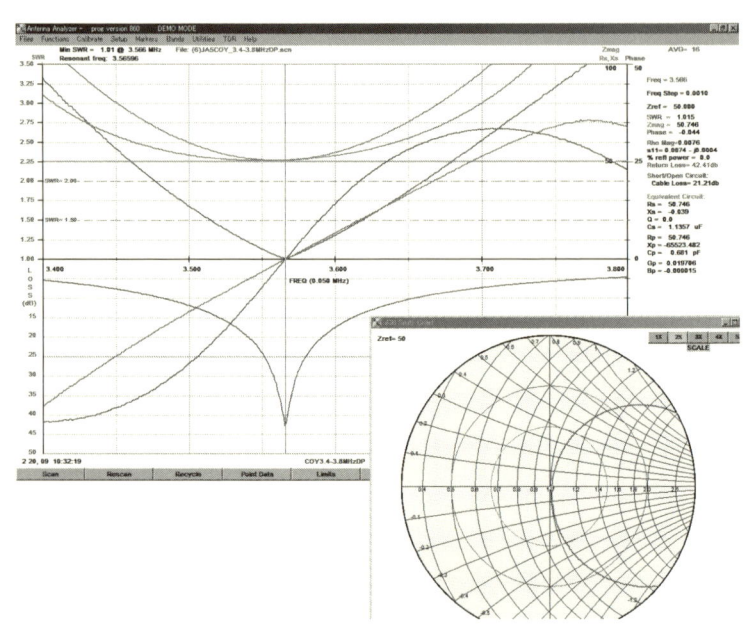

[図9-7] ダイポール・アンテナを精密に調整した後のインピーダンス特性

(7) 地上高が約20m高の3.5～4.0MHz用ダブル・バズーカ・アンテナを，$Z_o = 88$ Ω で給電したときのデータです．
- このように，R_aに対してZ_oを調整すれば，自由にSWR特性を適正化できます．$Z_o = 50Ω$ にこだわって給電すると，SWRは1.5より下がらないことがあります（図9-8）．

(8) AIM-4170はLCRメータとしても高精度です．
- 部品単体としてのL，C，Rの値を使用する周波数で精密測定できます．$L ≒ 0.28μH$，$C ≒ 100pF$ の直列回路を測定した図です（図9-9）．

AIM-4170をLCRメータとして使う方法　　(注)Demo Modeでは使えません
- リード線タイプの部品は，（写真9-1)のような治具を使います．写真の抵抗が付いているところを測定面として，ショート・オープン・50Ω（100Ω並列），基準抵抗器でキャリブレーションしてから測定します．
- チップ部品の場合は，プログラム・ファイル内にあるPDFファイルの「取り扱い説明書」で紹介しているようなプリント基板（写真9-2)を作ります．こ

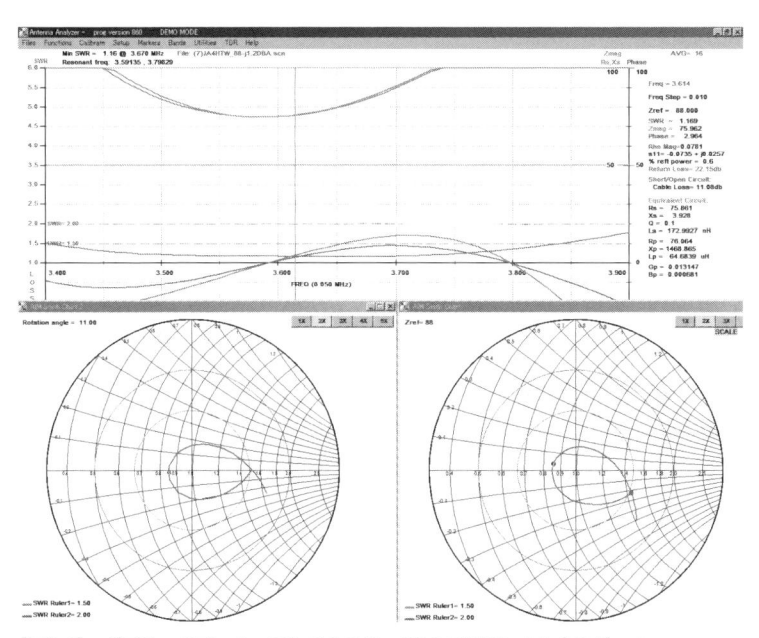

[図9-8] ダブル・バズーカ・アンテナをZ_o=88Ωで給電したときのデータ

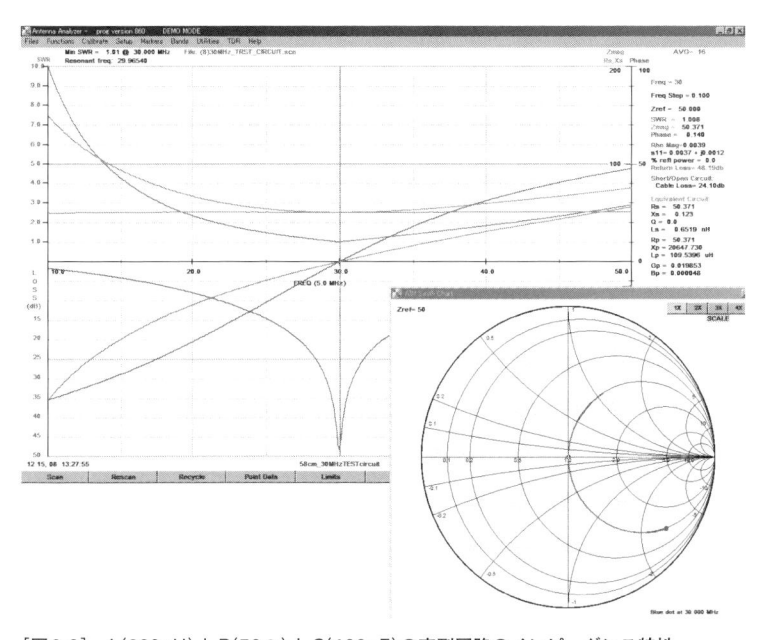

[図9-9] L(280nH)＋R(50Ω)＋C(100pF)の直列回路のインピーダンス特性

収録しているシミュレーション・ソフトの使い方 | 149

のプリント基板を測定面として，ショート・オープン・50Ωチップ基準抵抗器でキャリブレーションしてから測定します．
- このように測定面を決め，その箇所でキャリブレーションすれば，治具の浮遊容量等の誤差要因をキャンセルできます．
- ベクトル・ネットワーク・アナライザなども，このような専用治具で測定します．
- 上記の基準抵抗器の値は，4端子型のLCRメータで測定した4桁の数値(例えば50.46Ω)をキャリブレーション時にパソコンに入力します．

※AIM-4170はRF I-V法の測定器なので，この基準抵抗器の値は50.0Ω以外でもかまわない．

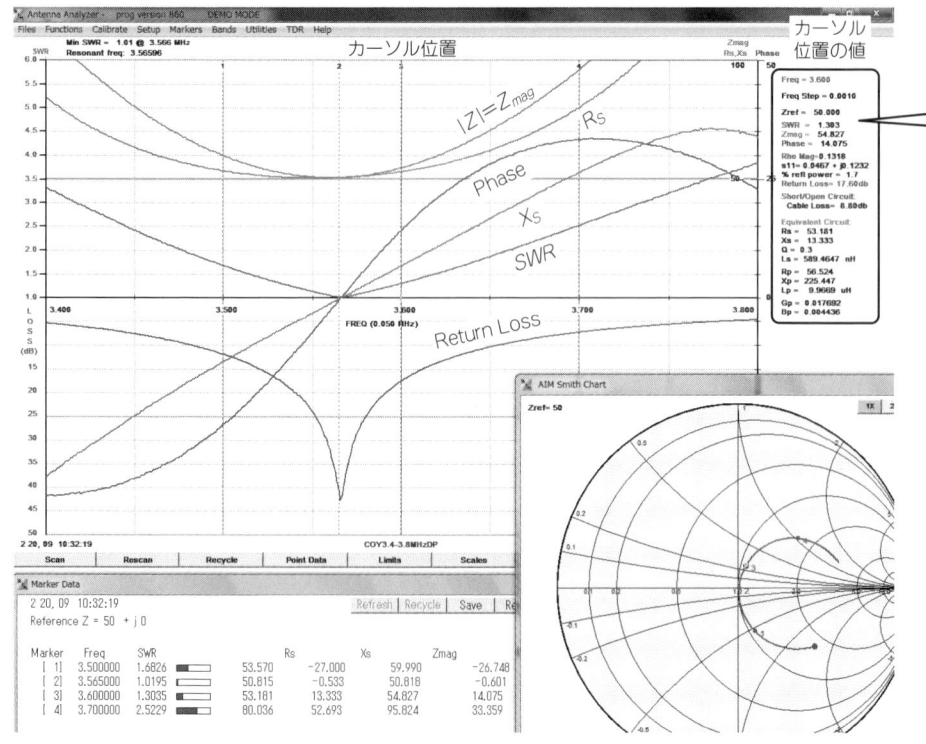

[図9-10] AIM-4170の表示画面には，各パラメータのグラフとスミス・チャートが表示される．画面右側には，カーソル位置の各種データが表示されている

第9章 本書付属CD-ROMについて

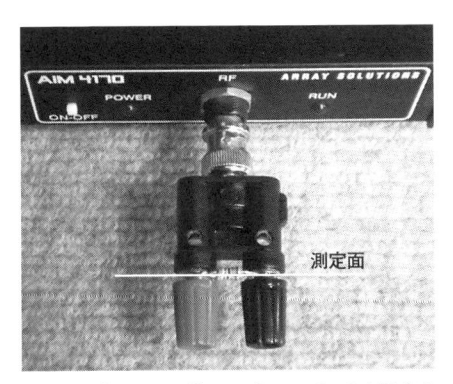

[写真9-1] リード線タイプのL, C, Rを測定する治具

[写真9-2] チップ・タイプのL, C, Rを測定する治具

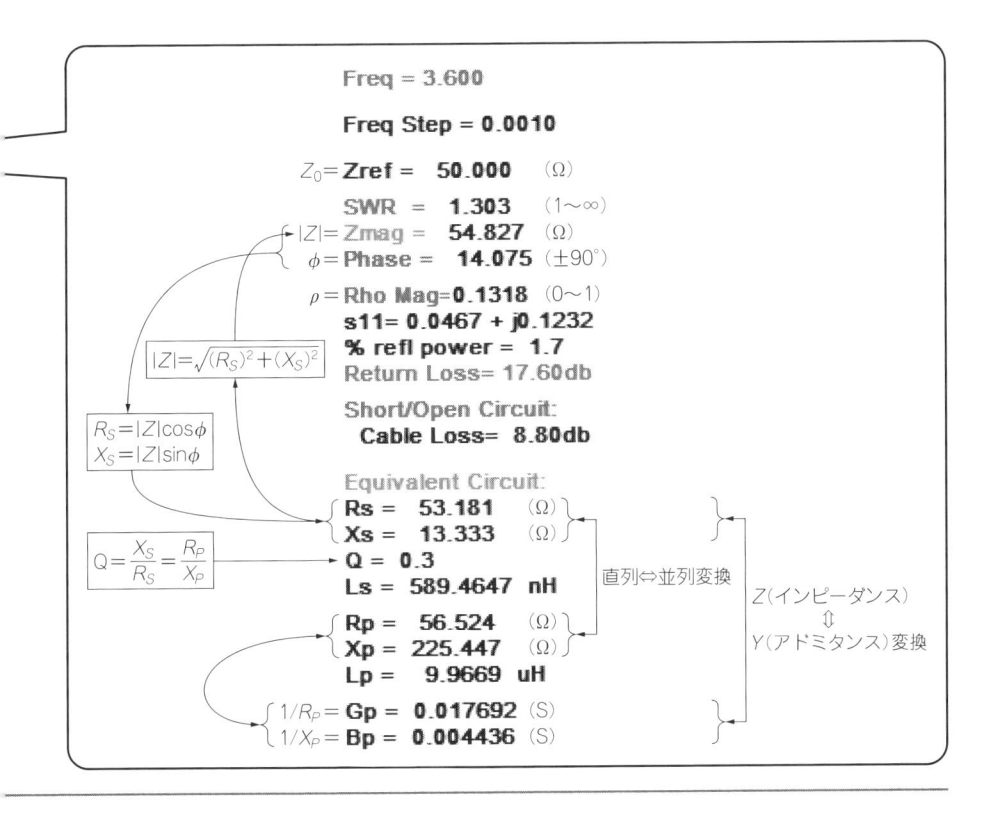

Freq = 3.600
Freq Step = 0.0010
Z_0 = **Zref** = **50.000** （Ω）
SWR = **1.303** （1〜∞）
$|Z|$ = **Zmag** = **54.827** （Ω）
ϕ = **Phase** = **14.075** （±90°）
ρ = **Rho Mag** = **0.1318** （0〜1）
s11= 0.0467 + j0.1232
% refl power = 1.7
Return Loss= 17.60db

Short/Open Circuit:
 Cable Loss= 8.80db

Equivalent Circuit:
 Rs = 53.181 （Ω）
 Xs = 13.333 （Ω）
 Q = 0.3
 Ls = 589.4647 nH
 Rp = 56.524 （Ω）
 Xp = 225.447 （Ω）
 Lp = 9.9669 uH
 $1/R_P$ = Gp = 0.017692 （S）
 $1/X_P$ = Bp = 0.004436 （S）

$|Z| = \sqrt{(R_S)^2 + (X_S)^2}$

$R_S = |Z|\cos\phi$
$X_S = |Z|\sin\phi$

$Q = \dfrac{X_S}{R_S} = \dfrac{R_P}{X_P}$

直列⇔並列変換

Z(インピーダンス)
⇕
Y(アドミタンス)変換

収録しているシミュレーション・ソフトの使い方

コラム 3
ローバンド用のダイポール・アンテナ調整時の注意点

　以前，エレメントの地上高と共振周波数の関係で，藤井氏（JA4DUX）から「W3DZZアンテナを AIM-4170 で調整していたら，3.6MHz 帯は地上高が下がれば共振周波数も下がるハズなのに逆に上がる現象を見つけた」との情報がありました．

　筆者の経験からも 3.6MHz 帯なら「地上高が上がれば共振周波数が上がり，地上高が下がれば共振周波数も下がる」と思い込んでいました．

　そこで，MMANA で細かくシミュレーションをした結果，**図 C-1** のようになりました．図のようにエレメントの高さが 15m 付近で共振周波数が反転していたのです．放射抵抗の曲線も図のように波打つので，共振周波数の曲線も妥当な結果だと考えられます．実測とシミュレーションの結果が一致したのです．

　なお，**図 C-1** を 7.1MHz 帯で見る場合，地上高を 1/2 に換算してください．

　この件によっても，**連続的なデータの重要性**を再認識しました．また，我々の思い込みの一つを正しい知識に変えることができました．SWR 計だけでの調整だったら気が付かなかったことでしょう．

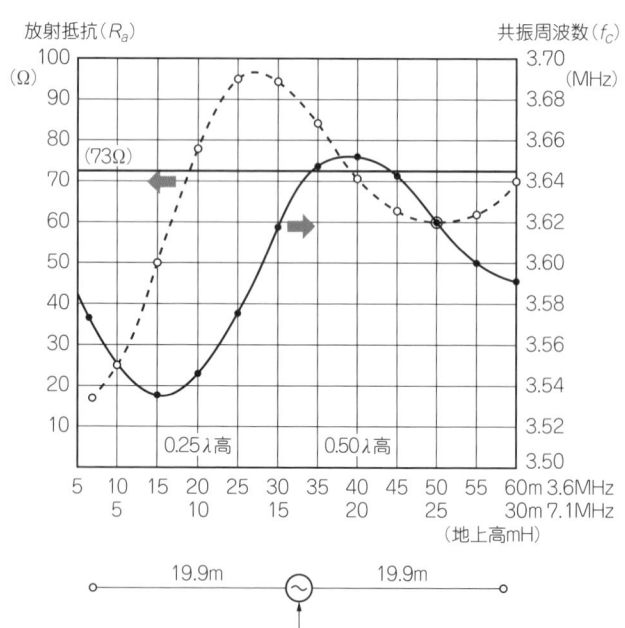

[図C-1]
アンテナ地上高に対するアンテナの放射抵抗(Z_a)と共振周波数(f_c)のグラフ

3.6MHz D.P.
（MMANAでのシミュレーション）

「Excelの関数計算マクロ」の使い方

筆者が頻繁に使用する計算式を，Excelの関数計算マクロとして付属のCD-ROM内に収録しています．このようにしておくと，計算の度に関数電卓を出して計算する手間が省けるので便利です(動作には，マイクロソフト社のExcelが必要です)．

セルの中に計算式が入っています．終了するときに 変更を保存しますか と聞いてくるので， いいえ(N) をクリックして，計算式を消さないようにしてください．念のために，計算式が変更されないように計算表にはロックをかけています．セル内の計算式は，それぞれ見える状態にしてあるので，興味のある方は参考にしてください．

(4) 反射係数(Γ)⇔インピーダンス(Z)相互変換の計算

本文中に説明があります．スミス・チャート(インピーダンス・チャート)やアドミタンス・チャートの複素直交座標は，反射係数の極座標上に描かれています．

くわしくは書籍『スミス・チャート実践活用ガイド(CQ出版社)』をご覧ください．

(5) インピーダンス(Z)⇔アドミタンス(Y)相互変換の計算(**図 9-11**)

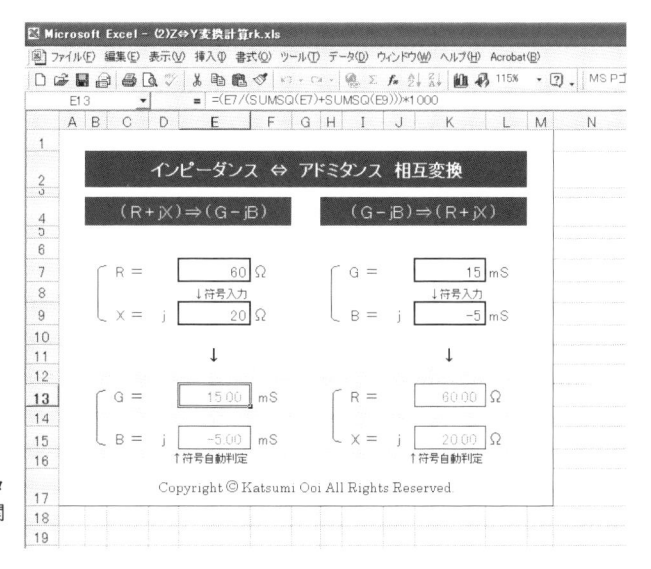

[図9-11]
インピーダンス(Z)⇔アドミタンス(Y)相互変換のExcelの関数計算マクロ

コラム 4

アンテナの地上高と SWR が低い周波数帯の関係

α 型の大きさが小さいほど SWR の良い周波数帯が広がる

　以前 CQ 出版社『エレキジャック No.20 ダブル・バズーカ・アンテナの徹底解析』執筆のために，数多くの 3.6MHz 帯のダイポール・アンテナやダブル・バズーカ・アンテナを AIM-4170 で調べていたら，アンテナの地上高と使用帯域（SWR が低い帯域）の変化に一定の関係があることに気付きました（AIM-4170 は，インピーダンス諸特性のグラフとスミス・チャート等が同時に表示できる）．

　同書のテーマは，使用帯域の幅でした．結論だけを言えば，バズーカ効果により α 型の大きさが小さくなるので，スミス・チャートの SWR 円中にすっぽり入ってしまいます．したがって，使用帯域が大幅に広がります（**図 1-10**）．このとき $SWR < 1.5$ の周波数範囲は，3.41～3.84MHz もあります．

　ところで，各種のアンテナを細かく調べると，同じアンテナであっても，地上高により SWR 特性のグラフの幅が違っていました．スミス・チャートで言えば，α 型の大きさが異なるのです．

　放射抵抗（R_a）が高いほど α 型の大きさが小さくなり，放射抵抗（R_a）が低いほど α 型の大きさが大きくなります．

　例として 3.6MHz 帯では，地上高が低い 12mH 前後では α 型の大きさが大きく，地上高が高い 20mH 前後では α 型の大きさが小さくなります．

　ローバンドでは，地上高が高いアンテナのほうが SWR の良い帯域が 2 倍近くも広くなり，当然，電波も良く飛ぶということになります．

　詳細は，『エレキジャック No.20 ダブル・バズーカ・アンテナの徹底解析』をご覧ください．

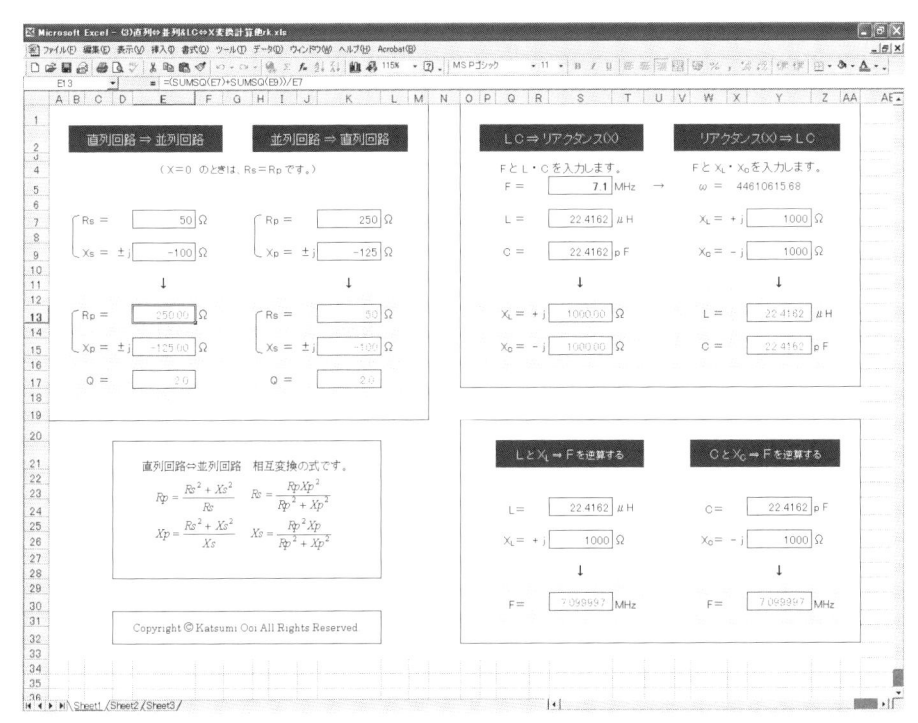

[図9-12] 直列回路⇔並列回路の相互変換とL/C⇔リアクタンスの相互変換のExcelの関数計算マクロ

(6) 直列回路⇔並列回路の相互変換とL/C⇔リアクタンスの相互変換の計算(**図9-12**)

本文中に説明があります．(5)と(6)は密接な関係があります．

高周波回路を等価回路解析する際に，この相互変換が必要になります．インピーダンス(直列)R_s+X_sとアドミタンス(並列)$R_p//X_p$の関係を計算しています．

これらの計算式を度々使うようになったとき，あなたはアンテナ調整とインピーダンス整合の計算が楽しくなっていることでしょう．

「Excelの関数計算マクロ」の使い方　155

◆ 参考文献 ◆

(1)「インピーダンス測定ハンドブック 2003年11月版(2-4)」http://literature.cdn.keysight.com/litweb/pdf/5950-3000JA.pdf，キーサイトテクノロジー社

(2)「RF-IV法によるインピーダンス測定のネットワーク測定法に対する優位性」http://literature.cdn.keysight.com/litweb/pdf/5988-0728JA.pdf，キーサイトテクノロジー社

(3)「Micro908 Technical Reference Manual」http://midnightdesignsolutions.com/micro908/Micro908%20Tech%20Ref%20Man%20v4.0.pdf，Midnight Design Solutions

〈著者略歴〉

大井　克己（おおい・かつみ）
- 1949 年　香川県生まれ
- 1963 年　電話級アマチュア無線技士
- 1967 年　JA5COY 開局
- 1978 年　第一級アマチュア無線技士
- 1985 年　JARL 四国地方監査長
- 2000 年　瀬戸内短期大学兼務非常勤講師
- 2003 年　電波適正利用推進員（総務省）
- 2006 年　香川衛星開発プロジェクト
- 2008 年　（株）アドテック・プラズマ・テクノロジー
- 2014 年　香川宇宙開発利用 Consortium

（特許）
特開平 08-139529　個人
特開平 09-304454　個人
特開 2014-019238　香川大学
特許 5458427　ADTEC-Plasma Technology

索引

【数字・アルファベット・記号】
「共役」関係 —— 018
$|Z|$計 —— 129
ANG(θ)角度 —— 032
C_p(並列コンデンサ) —— 073
C_s(直列コンデンサ) —— 067
Demo Mode —— 142
Imaginary part(虚数軸) —— 020
LCRメータ —— 148
Load-Tune —— 107
L_p(並列コイル) —— 073
L_s(直列コイル) —— 067
MAG(ρ)大きさ —— 032
Phase-tune —— 107
Q —— 057
Qマッチング —— 062
Real part(実数軸) —— 020
RF-IV法 —— 111
RF電圧 —— 065
RF電流 —— 065
RL —— 035
R_p(並列抵抗) —— 048, 062, 076
R_s(直列抵抗) —— 048, 062, 070
SWR —— 009
Sジーメンス —— 046
Sパラメータ —— 116
X_p(並列リアクタンス) —— 048
X_s(直列リアクタンス) —— 048
Z_{mag} —— 020
ϕ計 —— 129

【あ・ア行】
アドミタンス —— 021, 045
アドミタンス・チャート —— 047, 073, 100
アドミタンス・ブリッジ —— 116
アナログ・インピーダンス・アナライザ —— 131
位相(Phase)角度 —— 020
イミタンス・チャート —— 047
インダクタンス —— 024
インピーダンス・チャート —— 153
インピーダンスの絶対値($|Z|$) —— 020
インピーダンス整合 —— 018
ウインドム・アンテナ —— 010
円と円弧 —— 039
オープン・スタブ —— 052
オフ・センタ給電 —— 010, 093

【か・カ行】
擬似負荷 —— 126
基準抵抗器 —— 148
キャパシティ・ハット —— 101
共振 —— 012
共振周波数 —— 015
共振波長 —— 013
極座標 —— 032
虚数の符号 —— 026
コンダクタンス —— 045

【さ・サ行】
サセプタンス —— 045
時間軸 —— 025
写像(Mapping) —— 037

自由空間 —— 010
集中分布定数回路 —— 059
ショート・スタブ —— 052
シリーズ・インダクタ —— 067，071
シリーズ・キャパシタ —— 067，071
シリーズ・レジスタ —— 070
進行波 —— 015
スカラ測定 —— 020
スペアナ —— 116
スミス・チャート —— 015
正規化 —— 019，037，052，113
正規化値 —— 018，043，053
整合素子 —— 099
全反射 —— 036
測定用同軸ケーブル —— 043，113
損失係数(D) —— 057

【た・タ行】
ダイポール・アンテナ —— 009
ダブル・バズーカ・アンテナ —— 016
直列共振回路 —— 051
直交座標 —— 020
ツェッペリン・アンテナ —— 010
ディスクリミネータ —— 132
伝送線路 —— 041
動特性インピーダンス —— 130
等価回路 —— 028，045，051，060
等価回路解析 —— 045
特性インピーダンス(Z_o) —— 041，043
トラッキング・ジェネレータ —— 116

【な・ナ行】
ネットワーク解析法 —— 111

【は・ハ行】
パラレル・インダクタ —— 073，077
パラレル・キャパシタ —— 074，078
パラレル・レジスタ —— 076，079
バリアブル・インダクタ(V_L) —— 098，104

反射係数(Γ) —— 032
反射波 —— 015
比誘電率(ε_r) —— 042，084
負荷のインピーダンス(Z_L) —— 082
複素共役 —— 018
複素直交座標 —— 020
分布定数回路 —— 060
並列共振回路 —— 051
ベクトル・インピーダンス・アナライザ
　(VIA) —— 112
ベクトル・インピーダンス計 —— 111
ベクトル・ネットワーク・アナライザ
　(VNA) —— 111
ベクトルの大きさと方向(角度) —— 029
ベクトル測定 —— 020
変形複素直交座標 —— 031
変数値(パラメータ) —— 114
放射抵抗(R_a) —— 020
放射リアクタンス(X_a) —— 020

【ま・マ行】
無反射 —— 036
モノポール・アンテナ —— 011

【や・ヤ行】
八木アンテナ —— 012
誘導性 —— 013，020，039，117
誘導性サセプタンス —— 046
誘導性リアクタンス —— 023
容量性 —— 013，020，117
容量性サセプタンス —— 046
容量性リアクタンス —— 023

【ら・ラ行】
リアクタンス分 —— 017
リターンロス —— 034
連続的なインピーダンスの特性 —— 015
ローディング・コイル —— 101

●本書記載の社名，製品名について ── 本書に記載されている社名および製品名は，一般に開発メーカーの登録商標または商標です．なお，本文中ではTM，®，©の各表示を明記していません．

●本書掲載記事の利用についてのご注意 ── 本書掲載記事は著作権法により保護され，また産業財産権が確立されている場合があります．したがって，記事として掲載された技術情報をもとに製品化をするには，著作権者および産業財産権者の許可が必要です．また，掲載された技術情報を利用することにより発生した損害などに関して，CQ出版社および著作権者ならびに産業財産権者は責任を負いかねますのでご了承ください．

●本書付属のCD-ROMについてのご注意 ── 本書付属のCD-ROMに収録したプログラムやデータなどは著作権法により保護されています．したがって，特別の表記がない限り，本書付属のCD-ROMの貸与または改変，個人で使用する場合を除いて複写複製（コピー）はできません．また，本書付属のCD-ROMに収録したプログラムやデータなどを利用することにより発生した損害などに関して，CQ出版社および著作権者は責任を負いかねますのでご了承ください．

●本書に関するご質問について ── 文章，数式などの記述上の不明点についてのご質問は，必ず往復はがきか返信用封筒を同封した封書でお願いいたします．ご質問は著者に回送し直接回答していただきますので，多少時間がかかります．また，本書の記載範囲を越えるご質問には応じられませんので，ご了承ください．

●本書の複製等について ── 本書のコピー，スキャン，デジタル化等の無断複製は著作権法上での例外を除き禁じられています．本書を代行業者等の第三者に依頼してスキャンやデジタル化することは，たとえ個人や家庭内の利用でも認められておりません．

JCOPY〈（社）出版者著作権管理機構委託出版物〉
本書の全部または一部を無断で複写複製（コピー）することは，著作権法上での例外を除き，禁じられています．本書からの複製を希望される場合は，（社）出版者著作権管理機構（TEL：03-3513-6969）にご連絡ください．

RFデザイン・シリーズ
よく飛びよく受かるスイートスポットを見つけられるようになる
パソコンでスッキリ！電波とアンテナとマッチング

CD-ROM付き

2015年9月1日　初版発行　　　　　　　　　　　　　© 大井 克己 2015
2016年8月1日　第2版発行

著　者　大井　克己
発行人　寺前　裕司
発行所　CQ出版株式会社
　　　　東京都文京区千石4-29-14（〒112-8619）
電話　編集　03-5395-2147
　　　販売　03-5395-2141

編集担当者　今　一義
カバー・表紙　千村　勝紀
DTP　西澤　賢一郎
印刷・製本　三晃印刷株式会社

乱丁・落丁本はご面倒でも小社宛お送りください．送料小社負担にてお取り替えいたします．
定価はカバーに表示してあります．
ISBN978-4-7898-4636-3
Printed in Japan